普通高等教育“十三五”规划教材

工程流体力学

赵嵩颖 战乃岩 ◎ 主编
石岩 齐子姝 张兰 赵莉 ◎ 副主编
白莉 ◎ 主审

Engineering Fluid Mechanics

人民邮电出版社
北京

图书在版编目（CIP）数据

工程流体力学 / 赵嵩颖，战乃岩主编. -- 北京 : 人民邮电出版社，2016.8
普通高等教育“十三五”规划教材
ISBN 978-7-115-42767-0

Ⅰ. ①工… Ⅱ. ①赵… ②战… Ⅲ. ①工程力学一流体力学一高等学校一教材 Ⅳ. ①TB126

中国版本图书馆CIP数据核字(2016)第164139号

内 容 提 要

本书根据高等院校土建类专业对“工程流体力学”课程教学的基本要求编写而成。全书全面系统地介绍土建类工程流体力学的基本内容，具体包括绪论、流体的属性，流体静力学，流体运动学及动力学基础，流体阻力和能量损失，有压管流，明渠流、堰流，渗流，相似性原理和量纲分析。全书每章后都配有适量的习题供学生练习，巩固所学知识。

本书可以作为土木工程、交通工程、市政工程、环境工程、建筑材料工程、建筑环境与能源应用工程等专业的工程流体力学基础教材，也可作为土建类注册工程师工程流体力学考试的参考书。

◆ 主　　编　赵嵩颖　战乃岩
副 主 编　石　岩　齐子姝　张　兰　赵　莉
主　　审　白　莉
责任编辑　王亚娜
责任印制　焦志炜

◆ 人民邮电出版社出版发行　　北京市丰台区成寿寺路 11 号
邮编　100164　　电子邮件　315@ptpress.com.cn
网址　http://www.ptpress.com.cn
北京艺辉印刷有限公司印刷

◆ 开本：787×1092　1/16
印张：9.75　　2016 年 8 月第 1 版
字数：186 千字　　2016 年 8 月北京第 1 次印刷

定价：29.80 元

读者服务热线：(010)81055256　印装质量热线：(010)81055316
反盗版热线：(010)81055315

前言 PREFACE

本书根据高等院校土建类专业对“工程流体力学”课程教学的基本要求编写而成，全面系统地介绍了土建类工程流体力学的基本内容，在经典的流体力学理论基础上，加强了工程应用，着重培养学生理论联系实际、独立解决工程实际问题的能力。

土建类专业是宽口径专业，“工程流体力学”课程的教学内容和教学时数有较大差别，本书适用于少学时，在编写上突出土建类执业资格考试要求必须掌握的内容，在广度、深度上和注册执业资格考试大纲融通与衔接。章节习题的内容方式、方法与执业资格考试相对应，在习题类型上，客观性题目所占比重偏大，侧重理论知识和实践能力的考核。

本教材由赵嵩颖、战乃岩主编，具体编写分工如下：齐子姝编写第 1 章，张兰编写第 2 章，赵嵩颖编写第 3～6 章，石岩编写第 7 章，战乃岩编写第 8 章，赵莉编写第 9 章，吉林建筑大学白莉教授主审。

在本书编写过程中，卢磊、薛世勋、刘书源、苗家赫等同学为本教材做了部分文字录入和编辑工作，在此深致谢意。

编　者

2016 年 6 月

目录 CONTENTS

第1章 绪论

1.1 流体力学的产生及发展

流体力学作为经典力学的一个重要分支，其发展与数学、力学的发展密不可分。它是人类在长期与自然灾害作斗争的过程中逐步认识和总结规律，逐渐发展形成的，是人类集体智慧的结晶。

人类最早对流体力学的认识是从治水、灌溉、航行等方面开始的。在我国水利工程的历史十分悠久。4000 多年前的大禹治水，说明我国古代已有大规模的治河工程。公元前 256～公元前 210 年间的秦代便修建了都江堰、郑国渠、灵渠三大水利工程。特别是李冰父子领导修建的都江堰，既有利于岷江洪水的疏排，又能常年用于灌溉农田，并总结出“深淘滩，低作堰”“遇弯截角，逢正抽心”的治水原则。这说明当时对明槽水流和堰流流动规律的认识已经达到相当水平。

都江堰渠首枢纽主要由鱼嘴、飞沙堰、宝瓶口三大主体工程构成。三者有机配合，相互制约，协调运行，引水灌田，分洪减灾，具有“分四六，平潦旱”的功效，如图 1-1 所示。

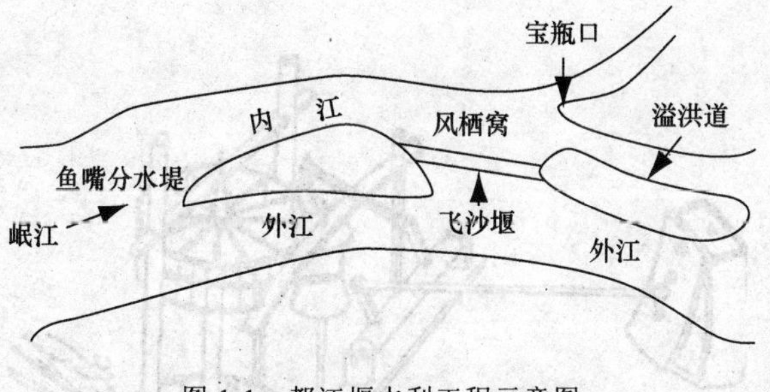

图 1-1 都江堰水利工程示意图

鱼嘴分水堤又称“鱼嘴”，是都江堰的分水工程，因其形如鱼嘴而得名。它昂头于岷江江心，包括百丈堤、杩槎、金刚堤等一整套相互配合的设施。其主要作用是把汹涌的岷江分成内、外二江：西边叫外江，俗称“金马河”，是岷江正流，主要用于排洪；东边沿山脚的叫内江，是人工引水渠道，主要用于灌溉。

在古代，鱼嘴分水堤是以竹笼装卵石垒砌。由于它建筑在岷江冲出山口呈弯道环流的江心，冬春季江水较枯，水流经鱼嘴上面的弯道绕行，主流直冲内江，内江进水量约 6 成，外江进水量约 4 成；夏秋季水位升高，水势不再受弯道制约，主流直冲外江，内、外江江水的比例自动颠倒，内江进水量约 4 成，外江进水量约 6 成。这就利用地形，完美地解决了内江灌区冬春季枯水期农田用水以及人民生活用水的需要和夏秋季洪水期的防涝问题。

飞沙堰溢洪道又称“泄洪道”，具有泄洪、排沙和调节水量的显著功能，故又叫它“飞沙堰”。飞沙堰是都江堰三大景之一，看上去十分平凡，其实它的功用非常之大，可以说是确保成都平原不受水灾的关键所在。飞沙堰的作用主要是：当内江的水量超过宝瓶口流量上限时，多余的水便从飞沙堰自行溢出；如遇特大洪水等非常情况，它还会自行溃堤，让大量江水回归岷江正流。飞沙堰的另一作用是“飞沙”，岷江从万山丛中急驰而来，挟着大量泥沙、石块，如果让它们顺内江而下，就会淤塞宝瓶口和灌区。古时的飞沙堰，是用竹笼卵石堆砌的临时工程，如今已改用混凝土浇铸，以保一劳永逸的功效。

宝瓶口起“节制闸”作用，能自动控制内江进水量，是湔山（今名灌口山、玉垒山）伸向岷江的长脊上凿开的一个口子，它是人工凿成控制内江进水的咽喉，因它形似瓶口且功能奇特，故名宝瓶口。留在宝瓶口右边的山丘，因与其山体相离，故名离堆。离堆在开凿宝瓶口以前，是湔山虎头岩的一部分。

东汉杜诗任南阳太守时（公元 37 年），曾创造水排（水力鼓风机，见图 1-2），利用水力，通过传动机械，使皮制鼓风囊连续开合，将空气送入冶金炉，这种方法较西欧早 1100 年。古代的铜壶滴漏（铜壶刻漏，见图 1-3）是一种计时工具，就是利用孔口出流使铜壶的水位变化来计算时间的，这说明当时对孔口出流已有相当的认识。

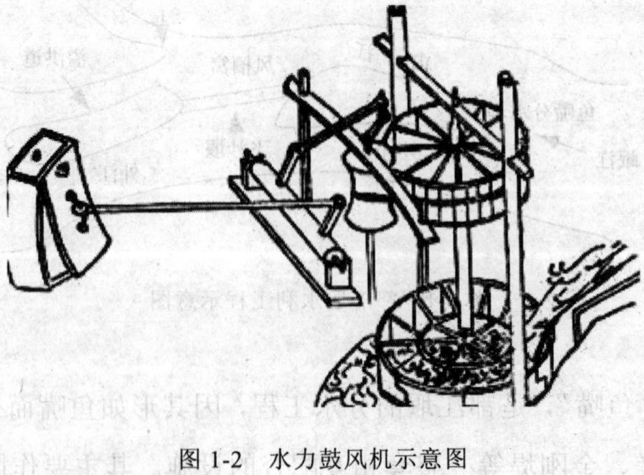

图 1-2　水力鼓风机示意图

图 1-3 铜壶刻漏

北宋（960～1126 年）时期，在运河上修建的真州船闸与 14 世纪末荷兰的同类船闸相比，早 300 多年。明朝的水利家潘季顺（1521～1595 年）提出了“筑堤防溢，建坝减水，以堤束水，以水攻沙”和“借清刷黄”的治黄原则，并著有《两河管见》《两河经略》和《河防一揽》。清朝雍正年间，何梦瑶在《算迪》一书中提出流量等于过水断面面积乘以断面平均流速的计算方法。

欧美诸国历史上有记载的最早从事流体力学现象研究的是古希腊学者阿基米德（Archimedes，公元前 287～前 212 年），他在公元前 250 年发表了学术论文《论浮体》，第一个阐明了相对密度的概念，发现了物体在流体中所受浮力的基本原理——阿基米德原理。著名物理学家和艺术家列奥纳德·达·芬奇（Leonardo. da.Vinci，1452～1519 年）设计建造了一小型水渠，系统地研究了物体的沉浮、孔口出流、物体的运动阻力以及管道、明渠中水流等问题。帕斯卡（B. Pascal，1623～1662 年）提出了密闭流体能传递压强的原理——帕斯卡原理。伯努利（D. Bernoulli，1700～1782 年）在 1738 年出版的名著《流体动力学》中，建立了流体位势能、压强势能和动能之间的能量转换关系——伯努利方程。欧拉（L. Euler，1707～1783年）是经典流体力学的奠基人，1755年发表《流体运动的一般原理》，提出了流体的连续介质模型，建立了连续性微分方程和理想流体的运动微分方程，给出了不可压缩理想流体运动的一般解析方法，见图1-4。拉格朗日（J. L. Lagrange，1736～1813年）提出了流体动力学微分方程，使流体动力学的解析方法有了进一步发展。雷诺（O. Reynolds，1842～1912年）于1883年用实验证实了黏性流体的两种流动状态——层流和紊流的客观存在，找到了实验研究黏性流体流动规律的相似准则数——雷诺数，以及判别层流和紊流的临界雷诺数，为流动阻力的研究奠定了基础。瑞利（L. J. W. Reyleigh，1842～1919年）在相似原理的基础上，提出了实验研究的量纲分析法中的一种方法——瑞利法。普朗特（L. Prandtl，1875～1953年）建立了边界层理论，解释了阻力产生的机制，之后又针对航空技术和其他工程技术中出现的紊流边界层，提出混合长度理论。尼古拉兹（J. Nikuradze）在1933年发表的论文中，公布了他对砂粒粗糙管内水流阻力系数的实测结果——尼古拉兹曲线，据此，他还给紊流光滑管和紊流粗糙管的理论公式选定了应有的系数。科勒布茹克（C. F. Colebrook）在1939年发表的论文中，提出了把紊流光滑管区和紊流粗糙管区联系在一起的过渡区阻力系数计算公式。莫迪（L. F. Moody）在1944年发表的论文中，给出了他绘制的实用管道的当量糙粒阻力系数图——莫迪图。至此，有压管流的水力计算渐趋成熟。

图1-4 欧拉与伯努利

我国科学家的杰出代表钱学森（Qian Xuesen）早在1938年发表的论文中，便提出了平板可压缩层流边界层的解法——卡门-钱学森解法。他在空气动力学、航空工程、喷气推进、工程控制论等技术科学领域做出过许多开创性的贡献。中国工程热物理学家吴仲华（Wu Zhonghua）在1952年发表的《在轴流式、径流式和混流式亚声速和超声速叶轮机械中的三元流普遍理论》和在1975年发表的《使用非正交曲线坐标的叶轮机械三元流动的基本方程及其解法》两篇论文中所建立的叶轮机械三元流理论，至今仍是国内外许多优良叶轮机械设计计算的主要依据。

20世纪中叶以来，大工业的形成，高新技术工业的出现和发展，特别是电子计算机的出现、发展和广泛应用，大大推动了科学技术的发展。由于工业生产和尖端技术的发展需要，促使流体力学和其他学科相互浸透，形成了许多边缘学科，使这一古老的学科发展成包括多个学科分支的全新的学科体系，焕发出强盛的生机和活力。这些全新的学科体系包括：（普通）流体力学、黏性流体力学、流变学、气体动力学、稀薄气体动力学、水动力学、渗流力学、非牛顿流体力学、多相流体力学、磁流体力学、化学流体力学、生物流体力学、地球流体力学、计算流体力学等。

1.2 流体力学在土木工程中的应用

如今，流体力学已经广泛应用于各种生产实践，并在生产实践的推动下大大丰富了流体力学的内容。例如：重工业中的冶金、电力、采掘等工业，轻工业中的化工、纺织、造纸等工业，交通运输业中的飞机、火车、船舶设计，农业中的农田灌溉、水利建设、河道整治等工程，无不有大量的流体力学问题需要解决。下面我们重点介绍流体力学在土木工程中的应用。

1.2.1 流体力学在工业民用建筑中的应用

地下水是最普遍的结构影响源，集中表现为对地基基础的影响。如果设计时对建筑地点的地下及地上水位情况了解不到位，地下水一旦渗流，会对建筑物周围土体稳定性造成不可挽救的破坏，进而严重影响地基稳定，地下水的浮力对结构设计和施工有不容忽视的影响，结构抗浮验算与地下水的性状、水压力和浮力、地下水位变化的影响因素及意外补水有关。对于这些严重影响建筑物寿命和安全的问题，可以通过流体力学知识在建筑物施工之前给予正确的设计与施工指导。避免施工时出现基坑坍塌等重大问题，也能避免出现施工结束后基地抵抗地下水渗流能力差的问题。

2004年，奥运场馆“鸟巢”特异的设计使得建筑的地基面临巨大风险，如图1-5所示。首先，支撑巨型钢结构屋顶的24根承重柱对地基的压力达四五千吨/平方米，大约相当于300多米高使用同样承重柱的楼房产生的压力，这种高度的摩天大楼目前在北京尚未出现。其次，看台区三大层梯状升高的坐席由一系列呈辐射状的柱子支撑，而且有的区域为斜柱，传力体系复杂。最后，钢丝铁网般的屋顶受到拉力比较容易变形，因此要求地基具备相当高的耐压能力。此外，“鸟巢”下面的地下水比较丰富，而且水位多年以来曾经有过较大的变化，怎样解决体育场的抗浮问题，避免水位上升时“鸟巢”的地下空间发生渗漏，也是地基工程迫切需要解决的难题。虽然由于之前过量开采，“鸟巢”当时地下水位比较低，但也必须考虑今后地下水位上升的可能性，如果不采取必要的措施，“鸟巢”地下工程可能存在渗水、地基变形的危险。专家对“鸟巢”的抗浮方案设计修改完善后，地基安全方案才得以通过，如图 1-6 所示。

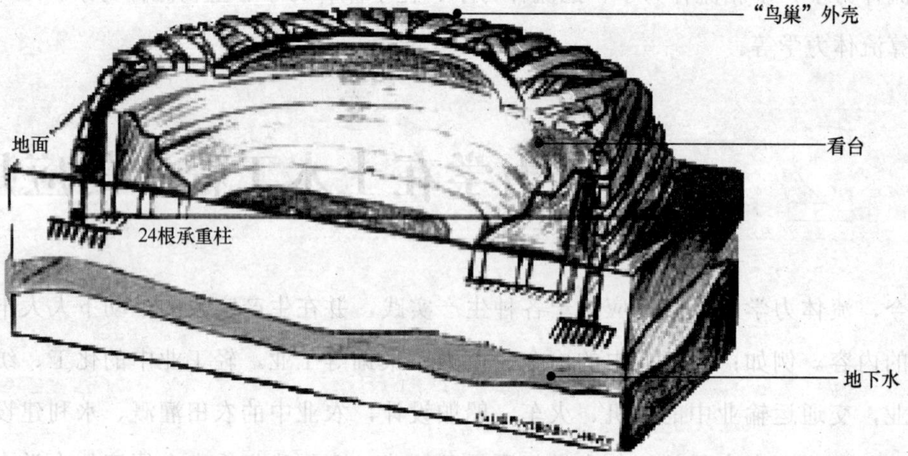

图 1-5 “鸟巢”地基压力剖面图

图 1-6 国家体育场（“鸟巢”）

现在建筑越来越趋向于高层。高层节约了土地成本，提供了更多的使用空间，但也增加了设计施工问题。随着高度的增加，地表及其附近物体对气体流动的阻碍减少，气体流动速度很大，因而对建筑物的稳定性产生影响。

在一定的风速下，气流和住宅楼相互作用后，会产生流动的分离、涡的脱落和振荡，对邻近区域的风环境带来负面影响。如果建筑物间距比较小，则两幢建筑中之间的区域风速加大，出现局部强风，也就是所谓的“巷道风效应”，加上建筑物的阻滞，会形成漩涡和强烈变化的升降气流等复杂的空气流动现象。在大风天气，这种效应会加强风的作用，强大的乱流、漩涡再加上变化莫测的升降气流会形成街道风暴，殃及行人。不仅群体建筑会产生这种不良的区域性风气候，在单独的高层建筑附近也会出现不利的风环境，也就是所谓的高层建筑的“局部风速加速效应”。高层建筑将高空的高速气流引至地面，特别是建筑转角处，流动加速，并在建筑前方形成停驻的漩涡，将恶化建筑周围行人高度的风环境，造成人员行走困难，极端情况下，甚至会造成人员伤害。

运用流体力学知识可以有针对性地解决气流流动产生的问题，有助于高层建筑设计施工，同时也可以更合理地运用建筑材料。

1.2.2 流体力学在道路桥梁交通中的应用

公路在铺设时的选址与路基稳定性都会受到水的影响，施工与使用过程中，对于集聚水要及时排除，以消除其对路面影响；此外，还要考虑路边渗水等问题。对于桥来说，由于其建筑环境的特殊性，流水影响就是它的主要问题，水流的持续性对桥墩来说是持续性破坏，这是不可避免的，尤其是对于多雨地区，突发性的大水对桥墩的稳定更是严峻的考验。这些问题都可以依靠流体力学知识给出一定的解决依据。

1.3 流体的定义及连续介质假设

1.3.1 流体的定义

流体包括液体和气体。因此，研究流体运动规律的学科可分为两支：以液体为主要研究对象的水力学、流体力学和以气体为主要研究对象的空气动力学、气体动力学。由于液体与气体既有共性，又有各自的特性，所以这几门学科既有一些共同的基本理论，又有各自的专门问题与方法。

流体区别于固体的基本特征是流体有流动性。所谓流动性，就是流体在静止时不能承受剪切力的性质。当有剪切力作用于流体时，流体便产生连续的变形，也就是流体质点之间产生相对运动。流体也不能承受拉力，它只能承受压力。流动性使小范围内液体的自由表面保持水平，这是众所周知的自然现象。流动性使流体的运动具有下列特点。

第一，流体没有固定的形状，它的形状是由约束它的边界形状所决定的。不同的边界必将产生不同的流动。因此，与流体接触的周围物体的形状和性质（也就是边界条件）对流体的运动有着直接的影响。

第二，流体的运动又和流体的变形联系在一起。当流体运动时，其内部各质点之间有着复杂的相对运动。所以流体的运动又是和它的物理力学性质有着密切的关系。物理性质不同的流体，即使其边界条件相同，也会产生不同的流动。

自然界中出现的各种流动虽然千变万化，各有不同。但是，无论现象多么复杂，每个具体的流动，都是由流体本身的物理性质（这是内因）和流动所在的外界条件（这是外因）这两个因素决定的。流体力学中所要探讨的运动规律，实质上就是要研究流体的物理性质和流动的边界条件对流体运动所产生的作用和影响。

质量守恒定律和能量守恒定律是自然界中一切物质运动都必须遵循的普遍规律。流体作为物质的一种形态，必须服从这些规律。另外，流体力学是研究流体宏观机械运动的学科。而牛顿的力学定律，以及根据它导出的动量定理、动量矩定理、动能定理等，都是物体宏观机械运动应遵循的一般规律。因此，流体力学中的基本规律实质上就是将上述的普遍规律和一般规律应用于流体上，并考虑流体有流动性的特点而得到的。

不同物质形态的物体，具有不同的物理力学性质，因而它们的运动又都各有其特殊性，各自遵循不同的规律。例如，液体和气体是有差别的：气体易于压缩，液体不易压缩；气体一定能充满容纳它的空间，没有自由表面；液体可以不充满容器，有自由表面。因此，一般情况下，液体和气体的运动规律不完全相同。但是，当气体的速度远比音速小时，气体的密度变化很小，气体的压缩性实际上可以忽略（例如，在标准状态下，如果气流速度超过 60m/s，则不考虑压缩性所引起的相对误差不大于 1%）。这样，对于不可压缩流体得出的运动规律，完全适用于气体。

1.3.2 连续介质假设

任何物体都是由不断运动着的分子组成的，分子之间有空隙。所以从微观角度看，流体并不是连续分布的物质。但是，工程实践中，要求流体力学解决的问题，一般都具有较大的尺寸，而分子之间的距离（例如，1cm^3 的空气含有 2.7×10^{19} 个分子）同工程尺寸比较是极其微小的。因此，流体力学可以不去研究微观的分子运动，而只研究流体表现出来的平均力学性质就行了。由于流体力学研究的是流体的宏观机械运动，所以，在流体力学中，可以把流体看成是由无数流体微团（或称质点）充满的、内部无空隙的连续体，或称为连续介质。这就是流体的连续介质假设（或模型）。这里所说的流体微团，是指这样小的一团流体，它的大小和流动的任何特征尺寸相比是微不足道的（可看做一个点），但比分子间距离又大得多。每个微团含有为数众多的分子，从而使我们能用统计平均方法来考察流体的宏观物理量（如压强、速度、密度、温度等），以及它们的变化。

引入了连续介质这个假设，就可不考虑复杂的分子运动，而只考虑流体在外力作用下的机械运动。同时还可进一步认为：表征流体运动和性质的各物理量在空间是连续分布的，从而把连续函数的概念引入流体力学中来。这样，就可以利用数学分析这一有力的工具来研究流体的运动规律。

并不是任何情况都可将流体看作为连续介质的。例如，在研究高空飞行问题时，空气非常稀薄，流体分子间的距离与工程尺寸相比不是微不足道的了，那时就不能再把空气看做连续介质了。

1.4 流体力学的研究对象、内容和方法

1.4.1 流体力学的研究对象、内容

流体力学研究的对象是流体，包括流体和气体。流体力学是力学的一个分支。流体力学和其他力学课程的研究对象、内容和范围比较见表 1-1。

表 1–1 流体力学和其他力学课程的研究对象、内容和范围比较

分类	课程	研究对象	研究内容和范围
一般力学	理论力学	刚体	刚体的静、动力学（约束力、速度、加速度）
固体力学	材料力学	弹性杠杆	杆件在拉、压、剪、弯、扭状态的应力和位移
	弹性力学	弹性体	复杂构件、板壳等结构的应力、位移分析
	塑性力学	塑性体	结构的塑性分析、设计
工程力学	结构力学	杆系结构	杆系结构的内力和位移

续表

分类	课程	研究对象	研究内容和范围
流体力学	流体力学	流体（液体和气体）	流体的位移、速度、应力、流量等
	水力学	液体	液体的位移、速度、应力、流体等

流体力学研究的主要内容包括以下几个方面。

（1）建立描述流体平衡和运动规律的基本方程。

（2）确定流体流经各种通道时速度、压强的分布规律。

（3）探求流体运动中的能量转换及各种能量损失的计算方法。

（4）求解流体与限制其流动的固体壁面间的相互作用力。

1.4.2 流体力学的研究方法

流体力学的研究方法大体可以分为现场观测、实验室模拟、理论分析、数值计算 4 种。现场观测是对自然界固有的流动现象或已有工程的全尺寸流动现象，利用各种仪器进行系统观测，从而总结出流体运动的规律，并借以预测流动现象的演变。过去对天气的观测和预报，基本上就是这样进行的。

同物理学、化学等学科一样，流体力学离不开实验，尤其是对新的流体运动现象的研究。实验能显示运动特点及其主要趋势，有助于形成概念，检验理论的正确性。200 年来流体力学发展史中每一项重大进展都离不开实验。模型实验在流体力学中占有重要地位。这里所说的模型，是指根据理论指导，把研究对象的尺度改变（放大或缩小）以便能安排实验。这时，根据模型实验所得的数据可以用像换算单位制那样的简单算法求出原型的数据。实验室模拟可以对还没有出现的事物、没有发生的现象（如待设计的工程、机械等）进行观察，使之得到改进。因此，实验室模拟是研究流体力学的重要方法。

理论分析是根据流体运动的普遍规律（如质量守恒、动量守恒、能量守恒等），利用数学分析的手段，研究流体的运动，解释已知的现象，预测可能发生的结果。理论分析的步骤大致如下：首先是建立“力学模型”，即针对实际流体的力学问题，分析其中的各种矛盾，并抓住主要方面，对问题进行简化，从而建立反映问题本质的“力学模型”。流体力学中常用的基本模型有：连续介质、牛顿流体、不可压缩流体、理想流体、平面流动等。

从基本概念到基本方程的一系列定量研究，都涉及很深的数学问题，所以流体力学的发展是以数学的发展为前提的。反过来，那些经过了实验和工程实践考验过的流体力学理论，又检验和丰富了数学理论。数学的发展，计算机的不断进步，以及流体力学各种计算方法的发明，使许多原来无法用理论分析求解的复杂流体力学问题有了求得数值解的可能性，这又促进了流体力学计算方法的发展，并形成了“计算流体力学”。

习题

选择题

1. 流体质点是指（　　）。

（A）流体的分子

（B）流域中的几何点

（C）流体内固体微粒

（D）流体无限分割后的基本个体并含有无数分子的集团

2. 易流动性的力学定义是（　　）。

（A）流体容易流动的性质

（B）流体静止时，切应力为零

（C）静止流体在切应力作用下流动

（D）静止流体在切应力作用下产生连续变形

第2章 流体的属性

在本章中，我们主要介绍流体的属性和作用在流体上的力。其中，流体的属性主要包括密度、压缩性、膨胀性、黏性等，作用在流体上的力主要包括表面力和质量力。

2.1 流体的主要物理性质

流体的物理性质是决定流体流动状态的内在因素，与流体运动有关的主要物理性质包括密度、压缩性、热膨胀性和黏性等。

2.1.1 流体的密度

1．流体的密度概念

物质每单位体积中所含的质量称为密度。根据连续介质假设模型，流体在空间某点的密度为

$$\rho = \lim_{\Delta V \to 0} \frac{\Delta m}{\Delta V} \tag{2-1}$$

式中，ρ——液体的密度，$\mathrm{kg/m^3}$；

ΔV——以所考虑的点为中心的微小体积，$\mathrm{m^3}$；

Δm——ΔV 中包含的流体质量，kg。

如果流体是均匀流体，那么流体的密度为

$$\rho = \frac{m}{V} \tag{2-2}$$

式中，m——流体的质量，kg；

V——流体的体积，$\mathrm{m^3}$。

在流体力学中，均质流体是指流体力学的性质完全一样的单一流体，这里流体力学的性质主要指流体的密度、黏性、膨胀性等。例如，水可以看成均质流体。但含杂质量不同的水，或不同温度的水，有时必须把它看成非均质的，因为这种情况下，水的密度可能是不等的，

有可能发生异重流。异重流是指两种或者两种以上比重相差不大、可以相混的流体，因比重的差异而发生的相对运动。即如果一种流体沿着交界面的方向流动，在流动过程中不与其他流体发生全局性掺混现象的流动。

表2-1列出了在一个标准大气压下水的密度，另外，几种常见流体的密度见表2-2。

表 2–1 不同温度下水的密度

温度（℃）	0	4	10	20	30
密度（kg/m^3）	999.87	1000.00	999.73	998.23	995.67
温度（℃）	40	50	60	80	100
密度（kg/m^3）	992.24	988.07	983.24	971.83	958.38

表 2–2 几种常见流体的密度

流体名称	空气	酒精	四氯化碳	水银	汽油	海水
温度（℃）	20	20	20	20	15	15
密度（kg/m^3）	1.20	799	1590	13550	700～750	1020～1030

2. 混合气体的密度

混合气体的密度可按组成该混合气体的各种气体的体积分数计算，其计算式为

$$\rho=\frac{m}{V}=\frac{\rho_1V_1+\rho_2V_2+\cdots+\rho_nV_n}{V}=\rho_1\frac{V_1}{V}+\rho_2\frac{V_2}{V}+\cdots+\rho_n\frac{V_n}{V}=\rho_1\varphi_1+\rho_2\varphi_2+\cdots+\rho_n\varphi_n \tag{2-3}$$

$$\rho=\sum_{i=1}^{n}\rho_i\varphi_i \tag{2-4}$$

式中，ρ——混合气体中各组分气体的密度；

φ——混合气体中各组分气体的体积分数。

2.1.2 流体的可压缩性和热膨胀性

可压缩性是流体受压，体积缩小，密度增大，除去外力后能恢复原状的性质。可压缩性实际上是流体的弹性。热膨胀性是流体受热，体积膨胀，密度减小，温度下降后能恢复原状的性质。液体和气体的可压缩性和热膨胀性有很大差别，下面分别说明。

1. 液体的可压缩性和热膨胀性概念

液体的可压缩性用压缩系数（又称体积压缩率）来表示，它表示在一定的温度下，压强

增加 1 个单位，体积的相对缩小率。若液体的原体积为 V，压强增加 $\mathrm{d}p$ 后，体积减小 $\mathrm{d}V$，压缩系数 κ（读作卡帕）为

$$\kappa=-\frac{\mathrm{d}V/V}{\mathrm{d}p}=-\frac{1}{V}\frac{\mathrm{d}V}{\mathrm{d}p} \tag{2-5}$$

由于液体受压体积减小，$\mathrm{d}p$ 和 $\mathrm{d}V$ 异号，式（2-5）中右侧加负号，以使 κ 为正值，其值越大，越容易压缩。κ 的单位是 1/Pa。

根据增压前后质量无变化可知

$$\mathrm{d}m=\mathrm{d}(\rho V)=\rho\mathrm{d}V+V\mathrm{d}\rho=0 \tag{2-6}$$

由此得

$$-\frac{\mathrm{d}V}{V}=\frac{\mathrm{d}\rho}{\rho} \tag{2-7}$$

故压缩系数可表示为

$$\kappa=\frac{1}{\rho}\frac{\mathrm{d}\rho}{\mathrm{d}p} \tag{2-8}$$

液体的压缩系数随温度和压强变化，水的压缩系数见表 2-3，表 2-3 中压强单位为工程大气压，1at=98000N/m^2。工程大气压相当于海拔 200m 处正常大气压。

表 2-3 水的压缩系数 κ（$\times10^{-9}$ / Pa）

温度（℃）\ 压强（at）	5	10	20	40	80
0	0.540	0.537	0.531	0.523	0.515
10	0.523	0.518	0.507	0.497	0.492
20	0.515	0.505	0.495	0.480	0.460

压缩系数的倒数是体积弹性模量或体积弹性系数，即

$$K=\frac{1}{\kappa}=-V\frac{\mathrm{d}p}{\mathrm{d}V}=\rho\frac{\mathrm{d}p}{\mathrm{d}\rho} \tag{2-9}$$

式中，K 的单位是 Pa。

液体的热膨胀性用热膨胀系数表示，它表示在一定的压强下，温度每增加 1℃，密度的相对减小率。若液体的原体积为 V，温度增加 $\mathrm{d}T$ 后，体积增加 $\mathrm{d}V$，热膨胀系数为

$$\alpha_{\mathrm{V}}=\frac{1}{V}\frac{\mathrm{d}V}{\mathrm{d}T}=-\frac{1}{\rho}\frac{\mathrm{d}\rho}{\mathrm{d}T} \tag{2-10}$$

式中，α_{V} 的单位是 1/K 或 1/℃。

液体的热膨胀系数随压强和温度而变化，表 2-4 给出了水在 1 个标准大气压（标准大气压是指在标准大气条件下海平面的气压，其值为 101.325kPa，是压强的单位，记作 atm）下，不同温度时的热膨胀系数。

表 2-4 水的热膨胀系数 α_V ($\times 10^{-4}$ / ℃)

温度（℃） 压强（atm）	1～10	10～20	40～50	60～70	90～100
1	0.14	1.50	4.22	5.56	7.19
100	0.43	1.65	4.22	5.48	7.04
200	0.72	1.83	4.26	5.39	

从表 2-3 和表 2-4 可知，水的压缩系数和热膨胀系数都很小。一般情况下，水的可压缩性和热膨胀性均忽略不计。

2．气体的压缩性及热胀性

气体与液体不同，具有显著的压缩性和热胀性。温度与压强的变化对气体密度的影响很大。在温度不过低、压强不过高时，气体的密度、压强和温度三者之间的关系，服从理想气体状态方程。

$$\frac{p}{\rho} = RT \tag{2-11}$$

式中，p——气体的绝对压强，Pa；

T——气体的热力学温度，K；

ρ——气体的密度，kg/m^3；

R——气体常数，$J/(kg \cdot K)$，对于空气，$R = 287\ J/(kg \cdot K)$，对于其他气体，在标准状态下，$R = 8314/n$；式中 n——气体的分子量。

当气体处于很高的压强、很低的温度下，或接近液态时，气体将不能再作为理想气体看待，即上述公式不再适用。

此外，气体虽然是可压缩和热胀的，但是具体问题要具体分析。对于气体速度较低（远小于声速）的情况，在流动过程中，压强和温度的变化较小，密度仍可以看成常数，这种气体称为不可压缩气体。反之，对于气体速度较高（接近或超过声速）的情况，在流动过程中，其密度的变化很大，密度已经不能视为常数的气体，称为可压缩气体。

2.1.3 不可压缩流体

实际流体都是可压缩的，然而有许多流体密度的变化很小，可以忽略，由此引出不可压缩流体的概念。所谓不可压缩流体，是指流体的每个质点在运动过程中，密度不变化的流体。对于均质的不可压缩流体，密度时时、处处都不变化，即 ρ= 常数。不可压缩流体是又一理想化的力学模型。

如前所述，液体的压缩系数很小，在相当大的压强变化范围内，密度几乎不变。因此，一般的液体平衡和运动问题，都按不可压缩流体进行理论分析。

气体的可压缩性远大于液体，是可压缩流体。需要指出的是，几乎所有的自然大气运动，在土木工程中常见的气流运动，如通风管道、低温烟道，管道不很长，气流的速度不大，远小于声速（约 340m/s），气流在流动过程中，密度没有明显变化，仍可作为不可压缩流体处理。

2.1.4 表面张力特性

由于分子间的吸引力，在液体的自由表面上能够承受极其微小的张力，这种张力称为表面张力。表面张力不仅在液体与气体接触的周界面上发生，而且还会在液体和固体（如汞、玻璃等），或一种液体与另一种液体（如汞、水等）相接触的周界面上发生。

在自然界中，我们可以看到很多表面张力的现象和对张力的运用。比如，露水总是尽可能呈球形，见图 2-1，而某些昆虫则利用表面张力漂浮在水面上（如水黾，见图 2-2）。

图 2-1 露水总是尽可能呈球形

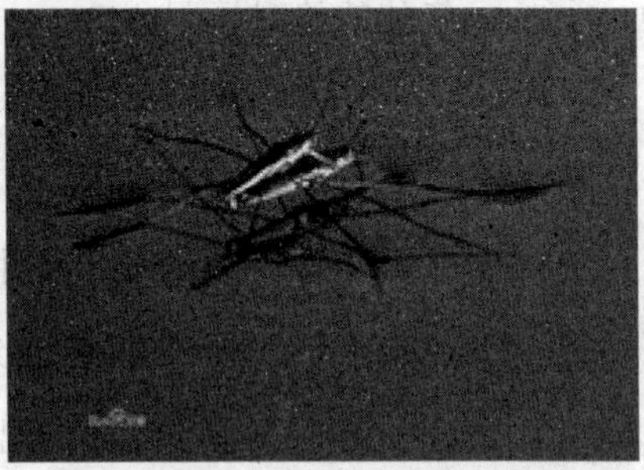

图 2-2 水黾漂浮在水面上

气体不存在表面张力。因为气体分子的扩散作用，不存在自由表面。所以表面张力是液体的特有性质。在工程问题中，只要有液体的曲面，就会有表面张力产生的附加压力作用，不过这种影响是比较微弱的，所以表面张力的影响在一般工程实际中被忽略。

2.2 流体的黏性及牛顿内摩擦定律

2.2.1 流体的黏性

黏性是流体固有的物理性质，流体的黏性是阻止流体剪切变形或角变形运动的一种度量。在日常生活方面，黏滞像是“黏稠度”或“流体内的摩擦力”。因此，水是“稀薄”的，具有较低的黏滞力，而蜂蜜是“浓稠”的，具有较高的黏滞力。黏滞力越低（黏滞系数低）的流体，流动性越佳。例如，黏性很大、具有很大剪切阻力的机油，由于分子内的黏聚力，会令人感到“黏稠”，而汽油的黏性就很小。流体流动时的摩擦力源于黏聚力和分子之间的动量交换。图 2-3 是流体黏性随温度变化的趋势。当温度增大时，液体的黏性变小，而气体的黏性变大。这是因为温度升高，分子间距离增大，液体中占优势的黏聚力随温度增大而变小；气体分子间的距离远大于液体，分子热运动引起的动量交换，是形成黏性的主要因素，温度升高，分子热运动加剧，动量交换加大，黏度随之增大。黏度随温度而变化，不同温度下水和空气的黏度见表 2-5、表 2-6。

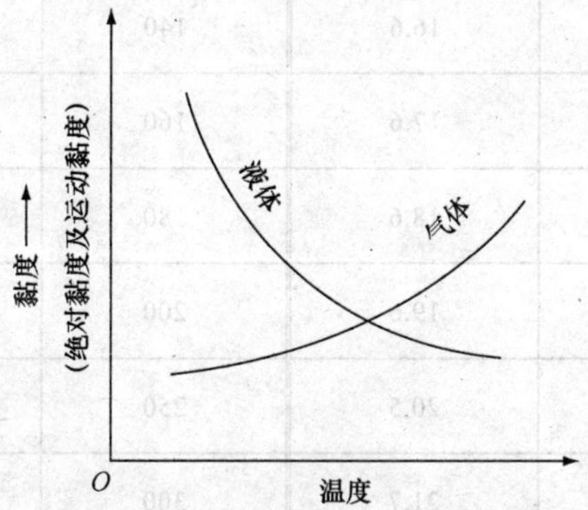

图 2-3 流体黏性随温度变化的趋势

表 2–5 不同温度下水的黏度

t（℃）	μ (10^{-3}Pa·s)	ν ($10^{-6}m^2/s$)	t（℃）	μ (10^{-3}Pa·s)	ν ($10^{-6}m^2/s$)
0	1.792	1.792	15	1.145	1.146
5	1.519	1.519	20	1.009	1.011
10	1.310	1.310	25	0.895	0.897

续表

t（℃）	μ (10⁻³Pa·s)	ν (10⁻⁶m²/s)	t（℃）	μ (10⁻³Pa·s)	ν (10⁻⁶m²/s)
30	0.800	0.803	60	0.469	0.478
35	0.721	0.725	70	0.406	0.415
40	0.654	0.659	80	0.357	0.367
45	0.597	0.603	90	0.317	0.328
50	0.549	0.556	100	0.284	0.296

表 2-6　不同温度下空气的黏度

t（℃）	μ (10⁻⁵Pa·s)	ν (10⁻⁶m²/s)	t（℃）	μ (10⁻⁵Pa·s)	ν (10⁻⁶m²/s)
0	1.72	13.7	90	2.16	22.9
10	1.78	14.7	100	2.18	23.6
20	1.83	15.7	120	2.28	26.2
30	1.87	16.6	140	2.36	28.5
40	1.92	17.6	160	2.42	30.6
50	1.96	18.6	180	2.51	33.2
60	2.01	19.6	200	2.59	35.8
70	2.04	20.5	250	2.80	42.8
80	2.10	21.7	300	2.98	49.9

现在来考察两块平行平板（图 2-4），这两块板足够大，其边缘条件可以忽略不计；期间充满静止流体，两平板间距离为 h，以 y 方向为法线方向。保持下平板固定不动，使上平板沿着所在的平面，以速度 U 运动。于是黏附于上平板表面的一层流体，随平板以速度 U 运动，并一层一层地向下影响，各层相继运动，直至黏附于下平板的流层，速度为零。在 U 和 h 都较小的情况下，各层的速度，沿法线方向呈直线分布。

上平板带动黏附在板上的流层运动，而且能影响内部各流层运动，表明内部各层之间，存在着剪切力，即内摩擦力。由此得出，黏性是流体的内摩擦特性。

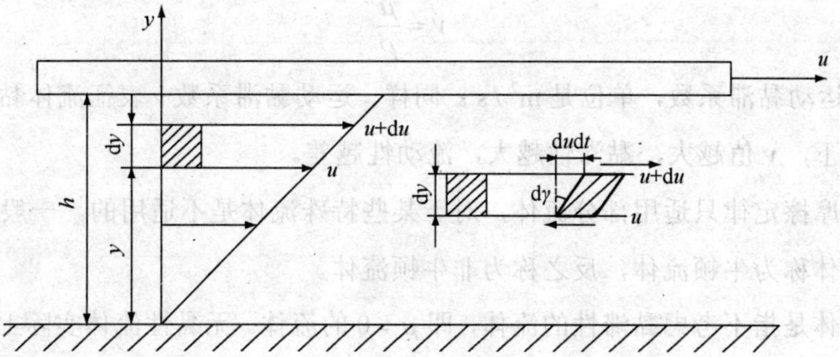

图 2-4 黏性表象

2.2.2 牛顿内摩擦定律

根据大量的实验，牛顿提出：内摩擦力（切力）T 与流速梯度 $\dfrac{\mathrm{d}u}{\mathrm{d}y}$ 成比例；与流层的接触面积 A 成比例；与流体的性质有关；与接触面上的压力无关。其计算式为

$$T = \mu A \frac{\mathrm{d}u}{\mathrm{d}y} \tag{2-12}$$

以应力表示为

$$\tau = \frac{T}{A} = \mu \frac{\mathrm{d}u}{\mathrm{d}y} \tag{2-13}$$

式（2-12）和式（2-13）称为牛顿内摩擦定律。

切应力 τ 表示单位面积的内摩擦力，亦称单位面积上的黏滞力。切应力不仅有大小，而且有方向。对于相接触的两个流层，作用在不同流层上的切应力，必然是大小相等、方向相反。

速度梯度 $\dfrac{\mathrm{d}u}{\mathrm{d}y}$ 表示速度在法线方向的变化率。因上、下层的流速相差 $\mathrm{d}u$，经 $\mathrm{d}t$ 时间，发生剪切变形 $\mathrm{d}\gamma$，即 $\mathrm{d}\gamma \approx \tan(\mathrm{d}\gamma) = \dfrac{\mathrm{d}u\mathrm{d}t}{\mathrm{d}y}$，$\dfrac{\mathrm{d}u}{\mathrm{d}y} = \dfrac{\mathrm{d}\gamma}{\mathrm{d}t}$。

可知速度梯度 $\dfrac{\mathrm{d}u}{\mathrm{d}y}$ 实为流体微团的剪切变形速率，牛顿内摩擦定律可以表示成

$$\tau = \mu \frac{\mathrm{d}\gamma}{\mathrm{d}t} \tag{2-14}$$

式（2-14）表明流体因黏性产生的内摩擦力与微团的剪切变形速率成正比。

μ 是比例系数，称为动力黏滞系数，简称黏度，单位是 Pa·s。动力黏度系数的大小表征流体黏滞性的强弱。μ 值越大，流体越黏，流动性越差。气体的黏度不受压强影响，液体的黏度受压强影响也很小。

流体的黏性常用另一种形式的黏滞系数 ν 来表示，即

$$\nu = \frac{\mu}{\rho} \tag{2-15}$$

ν称为运动黏滞系数，单位是m^2/s。同样，运动黏滞系数ν表征流体黏滞性的强弱。在相同的条件下，ν值越大，黏滞性越大，流动性越差。

牛顿内摩擦定律只适用部分流体，对于某些特殊流体是不适用的。一般把符合牛顿内摩擦定律的流体称为牛顿流体，反之称为非牛顿流体。

理想流体是指不考虑黏滞性的流体，即$\mu = 0$的流体。无黏性流体实际上是不存在的，实际的流体，无论液体或气体，都是有黏性的。黏性的存在，给流体运动规律的研究带来极大的困难。为简化理论分析，所以引进无黏性流体，即理想流体。

2.3 作用在流体上的力

流体处于运动或平衡状态时，受到各种力的作用。按照物理性质不同，可以把作用在流体上的力分为惯性力、重力、黏滞力、弹性力和表面张力等。为方便分析流体的平衡及运动规律，按照作用特点不同，又把作用于流体上的力分为表面力和质量力两类。

2.3.1 表面力

表面力是通过直接接触，作用于流体表面并与其面积A成比例的力。因此，表面力又称面积力。表面力可以是来自外界其他物体的直接作用，也可以是流体内部相邻部分相互作用的结果。在分析流体运动时，通常在流体中取一小块作为隔离体进行分析，表面力就是周围流体作用于隔离体外表面上的力。此时，表面力对于隔离体而言是外力，但对于整个流体而言，它又是内力，是相邻流体互相作用的结果。

表面力是一种近距离作用的力，需要两个物体直接接触才能产生作用，并随着两个物体间距离的加大而急剧减少。

表面力可分为垂直于作用面的法向压力P和沿作用面切向的剪切力T。此外，表面力的大小除用总作用力度量外，还常用单位表面力，即单位面积上所受的表面力来表示。单位表面力的单位为N/m^2。若单位表面力与作用面垂直，称为压应力或压强p；若与作用面相切，称为切应力τ。应力的单位是帕斯卡，简称帕，以符号Pa表示，$1Pa = 1N/m^2$。其中：

$$p = \frac{P}{A}$$

$$\tau = \frac{T}{A} \tag{2-16}$$

如图 2-5 所示，设在隔离体表面取一个包含 A 点的内在微元面积 ΔA，作用在其上的法线压力 ΔP，切向力为 ΔF，则作用在单位面积上的平均压力（又称平均压强）和平均切应力分别为

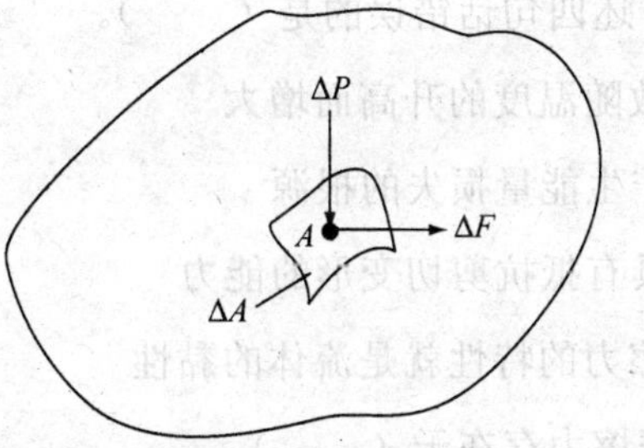

图 2-5 隔离体表面受力分析

$$\overline{p} = \frac{\Delta P}{\Delta A}, \quad \overline{\tau} = \frac{\Delta F}{\Delta A} \tag{2-17}$$

根据连续介质假说，当微元面积 ΔA 无限缩小至 A 点，则 A 点的压强和切应力分别为

$$p = \lim_{\Delta A \to 0} \frac{\Delta P}{\Delta A}, \quad \tau = \lim_{\Delta A \to 0} \frac{\Delta F}{\Delta A} \tag{2-18}$$

2.3.2 质量力

质量力是指作用在所研究流体体积内每个质点上的力，大小与流体的质量成正比。在均质流体中，质量与体积成正比，质量力又称体力。重力、惯性力都属于质量力。

质量力常用单位质量力来表示，即作用在单位质量流体上的质量力称为单位质量力。若质量为 m 的均质流体，质量力为 F，则单位质量力 $f = \dfrac{F}{m}$。

该质量力 F 在空间坐标上的投影分别为 F_x、F_y、F_z，则单位质量力 f 在相应坐标轴上的投影 X、Y、Z 为

$$X = \frac{F_x}{m}, \quad Y = \frac{F_y}{m}, \quad Z = \frac{F_z}{m} \tag{2-19}$$

当流体所受的质量力只有重力时，重力 $G = mg$ 在直角坐标系（设 z 轴铅直向上为正）的 3 个轴向分量分别为 $G_x = 0$、$G_y = 0$，$Z = Gz/m = -g$ 单位质量重力的轴向分力为 $X = 0$, $Y = 0, Z = -g$。

单位质量力的单位为 $\mathrm{m/s^2}$，与加速度单位相同。

习题

一、选择题

1．关于流体的黏性，下述四句话错误的是（　　）。

（A）流体的黏性系数随温度的升高而增大

（B）流体的黏性是产生能量损失的根源

（C）黏性就是流体具有抵抗剪切变形的能力

（D）流体具有内摩擦力的特性就是流体的黏性

2．流体黏性导致的内摩擦力存在于（　　）。

（A）静止流体中　　（B）运动流体中

（C）流体与固壁之间　　（D）有相对运动的流层间

3．水的运动黏性系数随温度的升高而（　　）。

（A）加大　　（B）降低　　（C）不变　　（D）降低然后加大

4．随温度升高，（　　）。

（A）液体和气体的黏度都增大　　（B）液体黏度降低，气体黏度增大

（C）液体黏度增大，气体黏度降低　　（D）液体和气体的黏度都降低

5．实际流体在过流断面上近壁处的流体黏滞力为（　　）。

（A）零　　（B）最小　　（C）最大　　（D）同管轴线处值

6．理想流体的力学模型即（　　）。

（A）均质流体　　（B）不可压缩流体

（C）不计黏性的流体　　（D）不考虑重力的流体

7．对于理想流体，（　　）。

（A）理想流体的压强小于理想流体的应力

（B）理想流体的压强等于理想流体的应力

（C）理想流体的压强大于理想流体的应力

（D）理想流体的压强和理想流体的应力是两个不同的概念

8．作用在流体的质量力包括（　　）。

（A）压力　　（B）摩擦力　　（C）重力　　（D）表面张力

二、计算题

1．当水的压强增加1个大气压时，水的密度增大多少？（答案为：1/20000）

2．如图2-6所示，有一底板面积为60cm×40cm的平板，质量为5kg，沿一与水平面成

20°角的斜面下滑，平板与斜面之间的油层厚度为0.6mm，若下滑速度为0.84m/s，求油的动力黏度μ。（答案为：0.05Pa·s）

3．如图2-7所示，一水暖系统，为防止水温升高时，体积膨胀将水管涨裂，在系统顶部设一膨胀水箱。若系统内水的总体积为$8m^3$，加温前、后温差为50℃，在其温度范围内水的膨胀系数$\alpha_V = 0.00051/℃$。求膨胀水箱的最小容积。（答案为：203L）

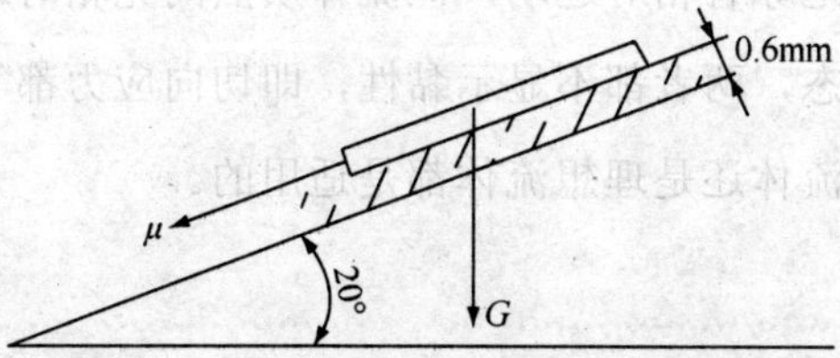

图2-6 计算题2示意图

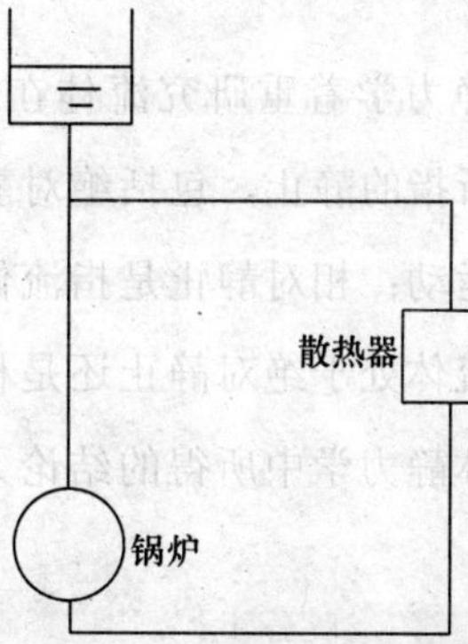

图2-7 计算机题3示意图

第3章 流体静力学

流体静力学着重研究流体在外力的作用下处于平衡状态的规律及其在工程实际中的应用。这里所指的静止，包括绝对静止和相对静止两种。其中，绝对静止是指流体整体对于地球无相对运动；相对静止是指流体整体对于地球有相对运动，但流体质点间无相对运动。

无论流体处于绝对静止还是相对静止状态，两者都不显示黏性，即切向应力都等于零。因此，流体静力学中所得的结论无论对实际流体还是理想流体都是适用的。

3.1 静止流体的应力特性

3.1.1 静止流体的压力与压强

流体和固体一样，由于自重而产生压力。但和固体不同的是，因为流体具有易流动性，流体对任何方向的接触面都会显示压力。流体对容器壁面、流体内部之间均存在压力。

静止或相对静止流体对其接触面上所作用的压力统称为流体静压力或静水压力，用符号 P 表示。平均流体静压强或平均静水压强以 $\overline{p}$ 表示

$$\overline{p}=\frac{\Delta P}{\Delta A} \tag{3-1}$$

当面积 ΔA 无限缩小至点 A 时，比值 $\Delta P/\Delta A$ 的极限定义为 A 点的流体静压强，即 A 点的静水压强，以 p 表示

$$p=\lim_{\Delta A\to 0}\frac{\Delta P}{\Delta A} \tag{3-2}$$

流体静压力和流体静压强都是压力的一种度量，流体静压力是作用于某一面积上的总压力；流体静压强是作用于单位面积上的平均压力或某一点上的压力。

3.1.2 静止流体的应力特性

静止流体有两个重要的特性。

第一，静压强的方向是垂直受压面，并指向受压面。即应力的方向与作用面的内法线方向相同。根据牛顿内摩擦定律可知，流体的内摩擦力（切应力）与作用面法线方向的速度梯度成正比，静止流体内各点的速度为零，因此沿各方向的速度梯度也为零，故而没有切向应力。

第二，任意一点的静压强的大小和受压面方位无关，即任一点上各方向的流体静压强大小相等。

为证明这个特性，在静止流体内部任一点 M 附近取一微小四面体，它的 3 个棱边分别取 x、y、z 3 个坐标轴，长度分别为 dx、dy、dz（见图 3-1）。

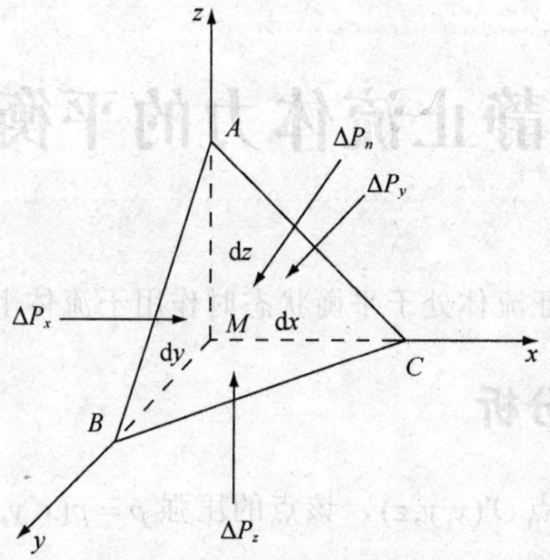

图 3-1 静止微小四面体

因为四面体处于静止状态，作用于四面体上的力是平衡的，包括以下几种。

表面力：压力 ΔP_x、ΔP_y、ΔP_z、ΔP_n。

质量力：$\Delta F_x = X\dfrac{\rho}{6}\mathrm{d}x\mathrm{d}y\mathrm{d}z$

$\Delta F_y = Y\dfrac{\rho}{6}\mathrm{d}x\mathrm{d}y\mathrm{d}z$

$\Delta F_z = Z\dfrac{\rho}{6}\mathrm{d}x\mathrm{d}y\mathrm{d}z$

各方向受力平衡：$\sum F_x = 0, \sum F_y = 0, \sum F_z = 0$。

由 $\sum F_x = 0$，有

$$\Delta P_x - \Delta P_n \cos(n,x) + \Delta F_x = 0 \tag{3-3}$$

式中 (n,x)——倾斜平面 ABC（面积 ΔA_n）的内法线方向与 x 轴夹角。

以三角形 ABM 面积公式

$$\Delta A_x = \Delta A_n \cos(n,x) = \frac{1}{2}\mathrm{d}y\mathrm{d}z \tag{3-4}$$

除式（3-3），得

$$\frac{\Delta P_x}{\Delta A_x}-\frac{\Delta P_n}{\Delta A_n}+\frac{1}{3}\rho \mathrm{d}x=0 \tag{3-5}$$

令四面体向 M 点收缩，对式（3-5）取极限，其中

$$\lim_{\Delta Ax\to 0}\frac{\Delta P_x}{\Delta A_x}=p_x,\ \lim_{\Delta An\to 0}\frac{\Delta P_n}{\Delta A_n}=p_n,\ \lim_{\mathrm{d}x\to 0}\left(\frac{1}{3}X\rho \mathrm{d}x\right)=0$$

于是 $p_x-p_n=0$，$p_x=p_n$。同理，$\sum F_y=0,\sum F_z=0$，可知 $p_x=p_y=p_z=p_n$。

因为 M 点和 n 的方向都是任选的，故静止流体内任一点的压强大小和作用面的方位无关。各点的压强用一个符号 p 表示，p 仅是该点坐标的连续函数。

$$p=p(x,y,z) \tag{3-6}$$

3.2 静止流体力的平衡

流体平衡微分方程是表征流体处于平衡状态时作用于流体上的各种力之间的关系。

3.2.1 平衡流体受力分析

在静止流体内，任取一点 $O'(x,y,z)$，该点的压强 $p=p(x,y,z)$。以 O' 点为中心作微元直角六面体，正交的 3 个边分别与坐标轴平行，长度为 dx、dy、dz（图 3-2）。微元直角六面体应在所有表面力和质量力的作用下处于平衡状态，以 x 方向为例。

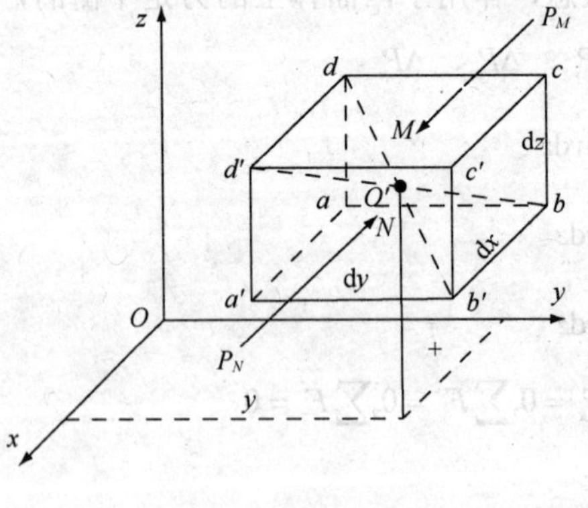

图 3-2 微元直角六面体

表面力：只有作用在 $abcd$ 和 $a'b'c'd'$ 面上的压力。两个受压面中心点 M、N 的压强为

$p_M=p-\frac{1}{2}\times\frac{\partial p}{\partial x}\mathrm{d}x$，$p_N=p+\frac{1}{2}\times\frac{\partial p}{\partial x}\mathrm{d}x$。其中 $\frac{\partial p}{\partial x}$ 为压强沿 x 方向的变化率，称为压强梯度；

$\frac{1}{2}\times\frac{\partial p}{\partial x}\mathrm{d}x$ 为由于 x 方向的位置变化而引起的压强差。微元直角六面体各面上压强均匀分布，并用面中心点上的压强代表该面上的平均压强。因此，作用于 $abcd$ 和 $a'b'c'd'$ 面上的总压力分别为

$$P_M=\left(p-\frac{1}{2}\times\frac{\partial p}{\partial x}\mathrm{d}x\right)\mathrm{d}y\mathrm{d}z$$

$$P_N=\left(p+\frac{1}{2}\times\frac{\partial p}{\partial x}\mathrm{d}x\right)\mathrm{d}y\mathrm{d}z$$

质量力：作用于微元直角六面体的质量力在 x 方向的分量为 $\rho\mathrm{d}x\mathrm{d}y\mathrm{d}zX$，在 y 方向的分量为 $\rho\mathrm{d}x\mathrm{d}y\mathrm{d}zY$，在 z 方向的分量为 $\rho\mathrm{d}x\mathrm{d}y\mathrm{d}zZ$。其中，$\rho\mathrm{d}x\mathrm{d}y\mathrm{d}z$ 为微元直角六面体的质量。

3.2.2 力平衡

当微元直角六面体处于平衡状态时，在 x 方向有

$$\left(p-\frac{1}{2}\times\frac{\partial p}{\partial x}\mathrm{d}x\right)\mathrm{d}y\mathrm{d}z-\left(p+\frac{1}{2}\times\frac{\partial p}{\partial x}\mathrm{d}x\right)\mathrm{d}y\mathrm{d}z+\rho\mathrm{d}x\mathrm{d}y\mathrm{d}zX=0$$

化简整理可得

$$X-\frac{1}{\rho}\times\frac{\partial p}{\partial x}=0$$

同理，y、z 方向可得

$$Y-\frac{1}{\rho}\times\frac{\partial p}{\partial x}=0,\quad Z-\frac{1}{\rho}\times\frac{\partial p}{\partial x}=0$$

即

$$\left.\begin{aligned}X-\frac{1}{\rho}\times\frac{\partial p}{\partial x}=0\\ Y-\frac{1}{\rho}\times\frac{\partial p}{\partial x}=0\\ Z-\frac{1}{\rho}\times\frac{\partial p}{\partial x}=0\end{aligned}\right\}\tag{3-7}$$

式（3-7）称为欧拉平衡微分方程，表达处于平衡状态流体中单位质量的表面力和质量力之间的关系。

现将式（3-7）依次乘以 dx、dy、dz，并相加得到

$$\frac{\partial p}{\partial x}\mathrm{d}x+\frac{\partial p}{\partial y}\mathrm{d}y+\frac{\partial p}{\partial z}\mathrm{d}z=\rho\left(X\mathrm{d}x+Y\mathrm{d}y+Z\mathrm{d}z\right)\tag{3-8}$$

式（3-8）中，左边是平衡流体压强 $p(x,y,z)$ 的全微分，即

$$\mathrm{d}p=\rho\left(X\mathrm{d}x+Y\mathrm{d}y+Z\mathrm{d}z\right)\tag{3-9}$$

如果流体是不可以压缩的，则流体的密度为常数，即 $\rho=c$。因此，式（3-9）可以表示

为某一函数$U(x,y,z)$的全微分，即

$$dU = Xdx + Ydy + Zdz \tag{3-10}$$

而
$$dU = \frac{\partial U}{\partial x}dx + \frac{\partial U}{\partial y}dy + \frac{\partial U}{\partial z}dz$$

因此
$$X = \frac{\partial U}{\partial x}, Y = \frac{\partial U}{\partial y}, Z = \frac{\partial U}{\partial z} \tag{3-11}$$

满足式（3-11）的函数$U(x,y,z)$称为势函数。具有这样势函数的力称为有势的力。由此得出，流体只有在有势的质量力作用下才能平衡。重力、惯性力都是有势的质量力。

3.2.3 等压面

压强相等的空间点构成的平面或曲面称为等压面。等压面上，$dp = 0$，式（3-9）中$\rho \neq 0$，故

$$Xdx + Ydy + Zdz = 0 \tag{3-12}$$

式中，dx、dy、dz可设想为流体质点在等压面上任一微小位移ds在相应坐标轴上的投影。因此，式（3-12）表示，当流体质点沿等压面移动距离ds时，质量力所做的微功为零。而质量力和位移ds都不能为零，所以等压面和质量力必然正交，这是等压面的重要特征。

由等压面这一特征，便可以根据质量力的方向来判断等压面的形状。例如，质量力只有重力时，因重力的方向是铅垂向下，可以知道等压面是水平面。

3.3 流体静压强的分布规律

实际工程中最常见的质量力是重力，因此在流体平衡一般规律的基础上，研究重力作用下流体静压强的分布规律，具有实用意义。

3.3.1 流体静压强的基本方程式

如图3-3所示，设某密闭容器中的液体在重力作用下处于静止状态，液体的密度为ρ，自由液面上的压强为p_0。

液体中任一点的压强，由式（3-9）可知，质量力只有重力，$X = Y = 0, Z = -g$，代入式（3-9），得$dp = -\rho g dz$，对于均质不可压缩液体，积分上式得

$$p = -\rho g z + c \tag{3-13}$$

式（3-13）即为重力作用下静止流体的压强分布关系，式中，c为积分常数。把边界条件$z = z_0, p = p_0$代入式（3-13），得$c = p_0 + \rho g z_0$，再代回式（3-13），得

$$p = p_0 + \rho g(z_0 - z) = p_0 + \rho g h \tag{3-14}$$

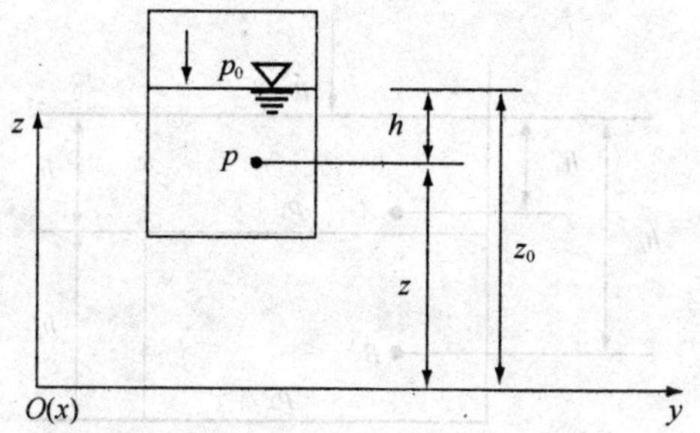

图 3-3 密闭容器中静止液体

式（3-13）除以单位体积液体的重量 ρg，得 $z+\dfrac{p}{\rho g}=\dfrac{c}{\rho g}$，式中，$\dfrac{c}{\rho g}$ 是常数。

$$z+\frac{p}{\rho g}=C \tag{3-15}$$

式（3-14）、(3-15）是以不同形式表示重力作用下有自由液面的均质不可压缩静止流体中的压强计算公式，均被称为流体静力学基本方程式。

式（3-14）中，h 为液面至计算点的液深，又称淹深。对于仅在重力作用下的同一连续均质静止流体而言，分析该公式可以得出以下 3 点结论。

（1）深度 h 相同的点压强相等，静压强的大小与液体的体积无直接关系。盛有相同液体的容器（图 3-4），各容器的容积不同，液体的重量不同，但只要深度 h 相同，容器底面上各点的压强就相同。

（2）流体中任一点的压强随深度 h 按线性关系增加，如图 3-5 所示。

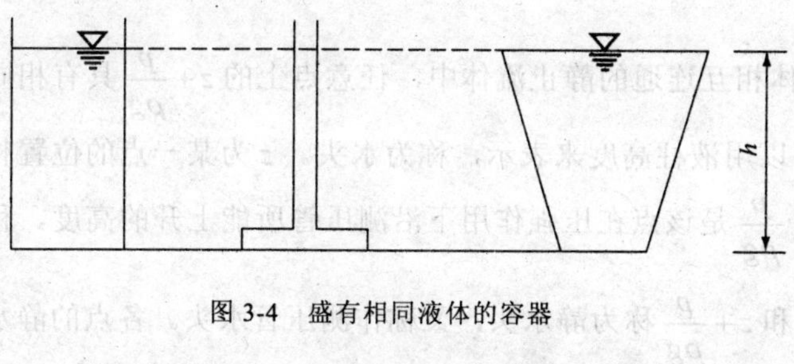

图 3-4 盛有相同液体的容器

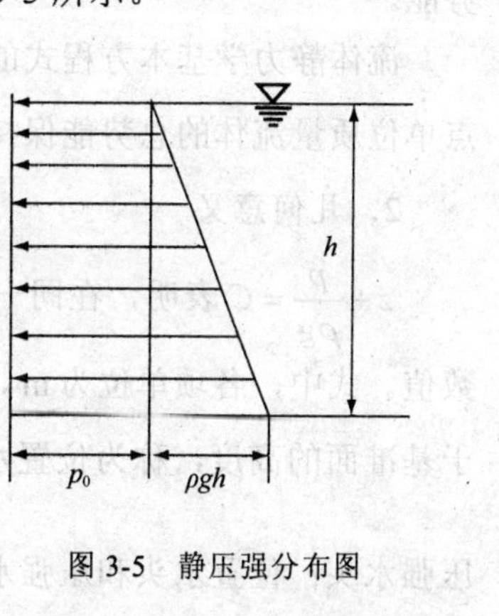

图 3-5 静压强分布图

（3）平衡状态下，液体内任意点压强的变化，等值地传递到其他各点。

例 3-1 如图 3-6 所示，容器中有两层互不掺混的液体，密度分别为 ρ_1 和 ρ_2。计算图中 A、B 两点的静压强。

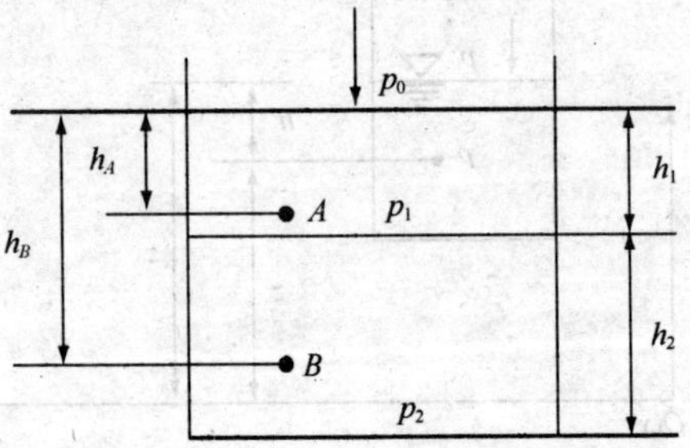

图 3-6 例 3-1 示意图

解 由式（3-14）可得

$$p_A = p_0 + \rho_1 g h_A$$

$$p_B = p_{0B} + \rho_2 g\left(h_B - h_1\right)$$

$$p_{0B} = p_0 + \rho_1 g h_1$$

3.3.2 流体静压强基本方程式的意义

1．物理意义

$z+\dfrac{p}{\rho g}=C$ 中，z 的物理意义是单位重量液体具有的、相对于基准面的重力势能，简称位能；$\dfrac{p}{\rho g}$ 物理意义是单位重量液体所具有的压强势能，简称压能；位能和压能之和称为总势能。

流体静力学基本方程式的物理意义是，在重力作用下，静止的均质不可压缩流体中，各点单位质量流体的总势能保持不变。

2．几何意义

$z+\dfrac{p}{\rho g}=C$ 表明，在同一种流体相互连通的静止流体中，任意点上的 $z+\dfrac{p}{\rho g}$ 具有相同的数值。式中，各项单位为 m，即可以用液柱高度来表示，称为水头。z 为某一点的位置相对于基准面的高度，称为位置水头；$\dfrac{p}{\rho g}$ 是该点在压强作用下沿测压管所能上升的高度，称为压强水头；位置水头和压强水头之和 $z+\dfrac{p}{\rho g}$ 称为静水头，又称作测压管水头。各点的静水头连线称为静水头线。

流体静力学基本方程式的几何意义是，在重力作用下，静止的不可压缩流体中，任意点的静水头线保持不变，其静水头线为水平线。

3.4 压强的度量和测量

在工程上，度量流体压强的大小，可以采用绝对压强和相对压强等不同的计量基准，度量压强的单位有国际标准单位、液柱高度和工程单位等多种单位。

3.4.1 绝对压强和相对压强

压强的大小，可从不同的基准算起，由于起算基准的不同，压强可分为绝对压强和相对压强。

以完全没有气体存在的绝对真空为零点算起的压强，称为绝对压强，以符号 p_{abs} 表示。液面的绝对压强为 p_0，流体密度为 ρ，深度为 h 的点流体绝对压强为 $p_{abs}=p_0+\rho gh$

当问题涉及流体本身的性质时，如采用气体状态方程进行计算，必须采用绝对压强。

以当地大气压 p_a 为基准起算的压强，称为相对压强，以 p 表示。绝对压强和相对压强之间，相差一个当地大气压（见图 3-7）。即 $p=p_{abs}-p_a$。

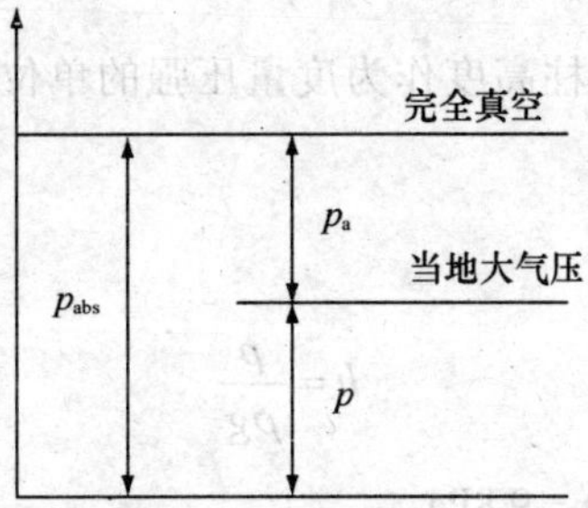

图 3-7 压强的度量

某一点的绝对压强只能是正值，不可能出现负值，相对压强可能是正值也可能是负值。当相对压强为正值时，可用压力表测量，称为表压强（压力表读数）。当相对压强为负值时，称该压强为负压或该点具有真空。负压的绝对值称为真空度（真空表读数），以 p_v 表示。

$$p_v=p_a-p_{abs}=-p \tag{3-16}$$

例 3-2 一封闭水箱如图 3-8 所示，水面上的绝对压强 $p_0=85\text{kPa}$，求水面下 $h=1\text{m}$ 处 C 点的绝对压强、相对压强和真空压强。已知当地大气压 $p_a=98\text{kPa}$，$\rho=1000\text{kg/m}^3$。

解 C 点的绝对压强 $p_{abs}=p_0+\rho gh=85+1\times9.8\times1=94.8\text{kN/m}^2$

C 点的相对压强 $p=p_{abs}-p_a=94.8-98=-3.2\text{kPa}$

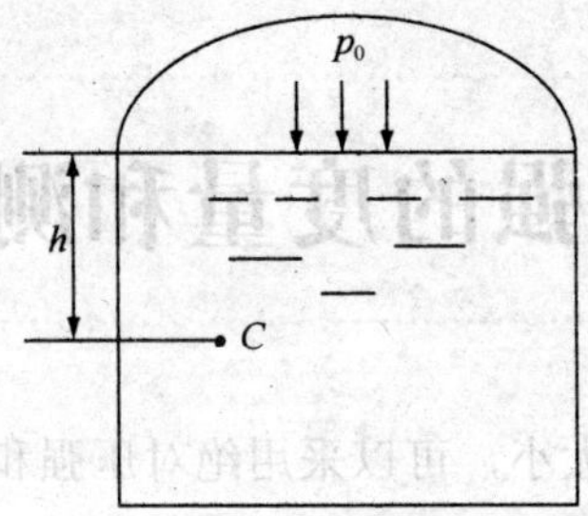

图 3-8 封闭水箱

相对压强为负值，说明 C 点存在真空。相对压强的绝对值即为真空度 $p_v = 3.2\text{kPa}$，或 $p_v = p_a - p_{abs} = 3.2\text{kPa}$。

3.4.2 压强的单位

度量压强常用到三种单位：标准单位、液柱单位及工程单位。

1．标准单位

压强的标准单位为帕斯卡，符号为 Pa。$1\text{Pa} = 1\text{N}/\text{m}^2$，表达气体的压强常用 kPa，表达液体的压强常用 MPa。

2．液柱单位

测量和工程中有时常采用液柱高度作为度量压强的单位。常用的有水柱和汞柱，其单位为 mH_2O、mmH_2O、mmHg。

压强与液柱高度的关系为

$$h = \frac{p}{\rho g} \tag{3-17}$$

如 $1\text{mmH}_2\text{O} = 10^3 \times 9.8 \times 10^{-3}\,\text{Pa} = 9.8\text{Pa}$

$$760\text{mmHg} = 13.6 \times 10^3 \times 9.8 \times 760 \times 10^{-3}\,\text{Pa} = 0.101325\text{MPa}$$

3．工程单位

工程上常用工程大气压的倍数来表示压强。所谓的工程大气压，是指海拔高度 200m 处正常气候条件下的大气压强，其数值为每平方厘米上作用 1 公斤力，即 kgf/cm^2，用符号 at 表示。

$$1\text{at} = 1\text{kgf}/\text{cm}^2 = 1 \times 9.8 / 10^{-4}\,\text{Pa} = 98\text{kPa}$$

上述三种压强单位表达法之间的关系为：

1个工程大气压=98kPa=10m(H_2O)=736mm(Hg)

1个标准大气压=101.325kPa=10.33m(H_2O) = 760mm(Hg)

例 3-3 如图 3-9 所示一开敞水箱，已知当地大气压 $\text{P}_a = 98\text{kPa}$，水的密度 $\rho = 1000\text{kg}/\text{m}^3$，

重力加速度 $g=9.8\text{m}/\text{s}^2$。求水面下 $h=0.68\text{m}$ 处 M 点的相对压强和绝对压强，并分别用应力单位、工程大气压和水柱高度表示。

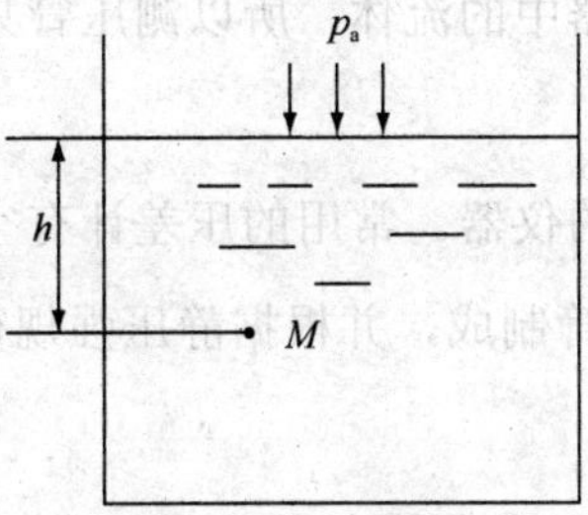

图 3-9 开敞水箱

解 M 点的相对压强

$$p=\rho gh=1000\times9.8\times0.68=6.66(\text{kPa})=0.068\text{（工程大气压）}$$

$$h=\frac{p}{\rho g}=\frac{6.66}{1000\times9.8}=0.68\text{m（}H_2O\text{）}$$

M 点的绝对压强

$$p_{abs}=p_a+\rho gh=98+1000\times9.8\times0.68=104.7(\text{kPa})=1.068\text{（工程大气压）}$$

$$h=\frac{p_{abs}}{\rho g}=\frac{104.7}{1000\times9.8}=10.68\text{m（}H_2O\text{）}$$

3.4.3 压强的测量

1．测压管

测压管是一根玻璃直管，其一端连接在被测管路或容器侧壁，另一端开口直接和大气相通（见图 3-10）。由于相对压强的作用，水在管中上升或下降，与大气相接触的液面相对压强为零。因此，只要根据测压管中液面上升的高度，即可测出管路或容器内流体静压强的大小。

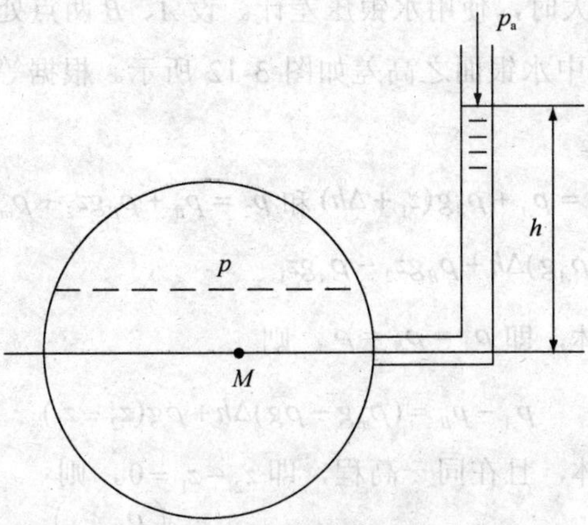

图 3-10 测压管

测压管的优点是结构简单，测量准确；缺点是只适用于测量较小的压强，一般不超过9800Pa，相当于1mH_2O。如果被测压强较大，则需加长测压管的长度，使用很不方便。此外，测压管中的工作介质是被测容器中的流体，所以测压管只能用于测量液体的压强。

2．压差计

压差计是量测两点压强差的仪器。常用的压差计有空气压差计、水银压差计和倾斜式压差计等。各种压差计多用U形管制成，并根据静压强规律计算压强差。

（1）空气压差计。

图3-11是一空气压差计。因空气的密度较小，认为U形管中液面上压强p_0均相等。设两管水面高差为Δh，根据式（3-14），写出$p_A = p_0 + \rho g(z_B - z_A + \Delta h)$和$p_B = p_0 + \rho g z_B$，则$p_A - p_B = \rho_g(\Delta h - z_A)$。若管道水平放置，A、B两点在同一水平面上，即$z_A$=0，则

$$p_A - p_B = \rho g \Delta h \tag{3-18}$$

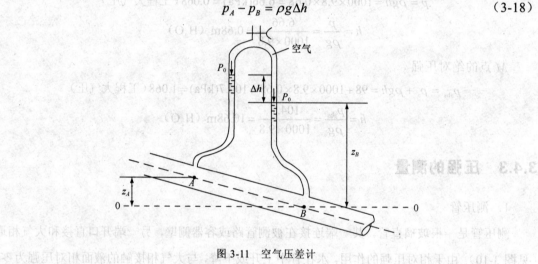

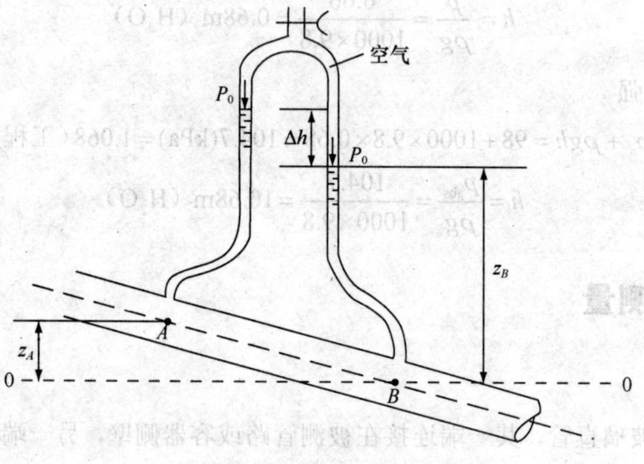

图3-11 空气压差计

（2）水银压差计。

当所测两点的压差较大时，使用水银压差计。设A、B两点处液体密度分别为ρ_A和ρ_B。两点的相对位置及U形管中水银面之高差如图3-12所示。根据等压面的概念，断面1和断面2处压强相等，即p_1=p_2。

$$p_1 = p_A + \rho_A g(z_1 + \Delta h) \text{ 和 } p_2 = p_B + \rho_B g z_2 + \rho_m \Delta h$$

故得$p_A - p_B = (\rho_m g - \rho_A g)\Delta h + \rho_B g z_2 - \rho_A g z_1$

如A、B两点处为同一液体，即$\rho_A = \rho_B = \rho$，则

$$p_A - p_B = (\rho_m g - \rho g)\Delta h + \rho g(z_2 - z_1)$$

如A、B两点处为同一液体，且在同一高程，即$z_2 - z_1 = 0$，则

$$p_A - p_B = (\rho_m g - \rho g)\Delta h = \rho g\left(\frac{\rho_m}{\rho} - 1\right)\Delta h$$

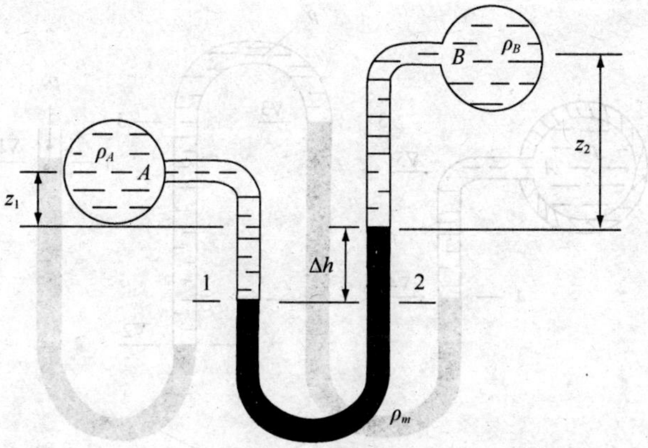

图 3-12 水银压差计

如 A、B 两点处的液体都是水，因为水银与水的密度之比 $\rho_m/\rho=13.6$，则

$$p_A-p_B=12.6\rho g\Delta h \tag{3-19}$$

（3）倾斜式压差计。

当量测很小的压差时，为了提高量测精度，可采用倾斜式压差计。如图 3-13 所示，垂向空气压差计中的液面高差 Δh 增大为 $\Delta h'$ $(\Delta h'=\Delta h/\sin\theta)$。

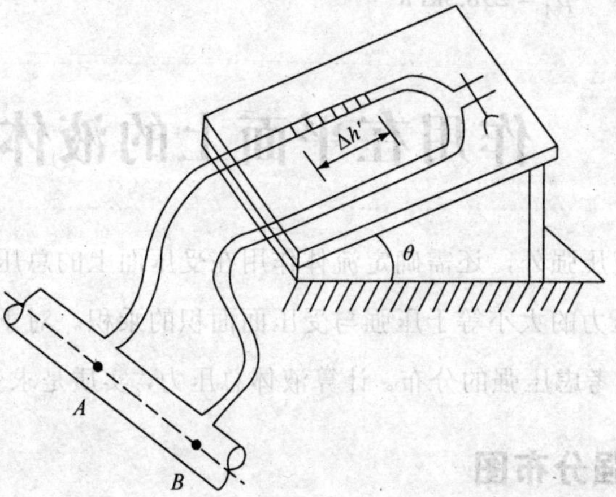

图 3-13 倾斜式压差计

于是，所测两点的压差为

$$p_A-p_B=\rho g\Delta h'=\rho gg\Delta h/\sin\theta \tag{3-20}$$

式中，θ=10°～30°，读数增大 2～5 倍。

例 3-4 在某供水管路上装一复式 U 形水银测压计，如图 3-14 所示。已知测压管显示各液面的标高和 A 点的标高为 $\nabla_1=1.8\text{m},\nabla_2=0.6\text{m},\nabla_3=2.0\text{m},\nabla_4=0.8\text{m},\nabla_A=\nabla_5=1.5\text{m}$，试确定管中 A 点压强。其中，$\rho_m=13.6\times10^3\text{kg/m}^3,\rho=1\times10^3\text{kg/m}^3$。

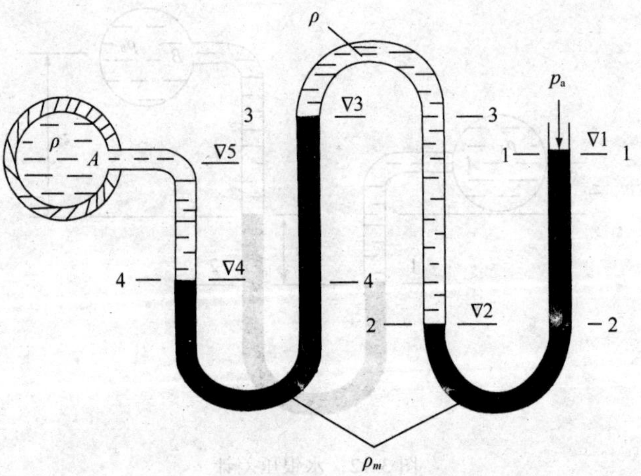

图 3-14 复式 U 形水银测压计

解 已知液面 1 上作用为当地大气压强，因此从点 1 开始。应用等压面和流体静压强基本公式逐点推算，便可求得 A 点压强。因 2-2、3-3、4-4 为等压面，可得 $p_2=\rho_m g(\nabla_1-\nabla_2)$，$p_3=p_2-\rho g(\nabla_3-\nabla_2)$，$p_4=p_3+\rho_m g(\nabla_3-\nabla_4)$，又 $p_A=p_5=p_4-\rho g(\nabla_5-\nabla_4)$，联立求得

$$p_A=\rho_m g(\nabla_1-\nabla_2)-\rho g(\nabla_3-\nabla_2)+\rho_m g(\nabla_3-\nabla_4)-\rho g(\nabla_5-\nabla_4)$$

将已知值代入上式，得 $p_A=298.5\text{kPa}$

3.5 作用在平面上的液体压力

工程上除要确定点压强外，还需确定流体作用在受压面上的总压力。对于气体，因面上各点的压强相等，总压力的大小等于压强与受压面面积的乘积。对于液体，因不同高度压强不等，计算总压力必须考虑压强的分布。计算液体总压力，实质是求受压面上分布力的合力。

3.5.1 流体静压强分布图

根据静压强公式 $p=\rho gh$，以及静压强的方向垂直指向受压面的特性，可以用图形来表示静压强的大小和方向，称此图形为流体静压强分布图。

静压强分布图绘制规则如下。

（1）按一定比例用线段长度代表该点静压强的大小。

（2）用箭头表示静压强的方向，并与受压面垂直。

不同情况流体静压强分布图的画法列举如下。

（1）图 3-15（a）为一垂向平板闸门 AB。A 点位于自由液体上，相对压强为零；B 点在

水面下 h，相对压强 $p_B=\rho gh$。绘带箭头线段 CB，线段长度为 ρgh，并垂直指向 AB。连接直线 AC，并在三角形 ABC 内作数条平行于 CB 带箭头的线段，则 ABC 即表示 AB 面上的流体相对压强分布图。

如闸门两边同时承受不同水深的静压力作用[图 3-15（b）]，因闸门受力方向不同，先分别绘出左右受压面的压强分布图，然后两图叠加，消去大小相同、方向相反的部分，余下的梯形即为流体静压强分布图。

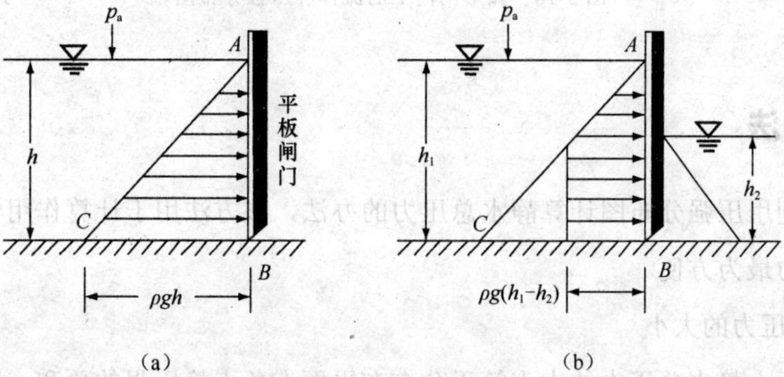

图 3-15 平板闸门上流体静压强分布图

（2）图 3-16 为受压面是一折面的流体静压强分布图。

（3）图 3-17 中有上、下两种密度不同的液体作用在平面 AC 上，两种液体分界面在 B 点。B 点压强 $p_B=\rho_1 gh_1$，C 点压强 $p_C=\rho_1 gh_1+\rho_2 g(h_2-h_1)$。流体静压强分布如图 3-17 所示。

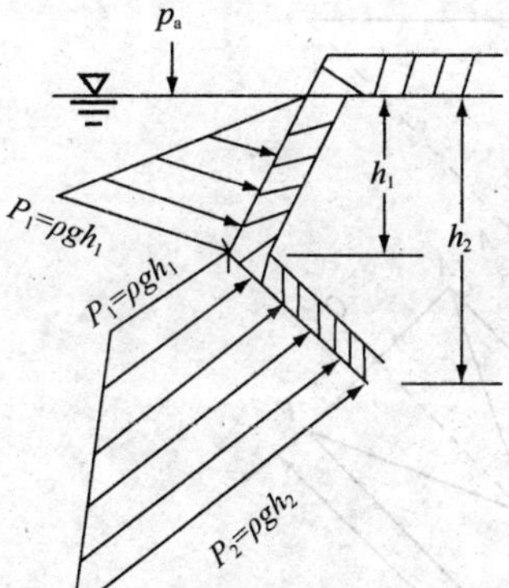

图 3-16 受压面为折面的流体静压强分布图

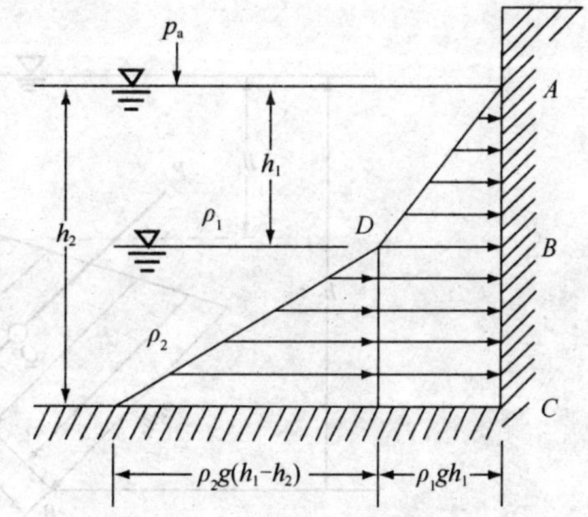

图 3-17 两种流体密度不同的静压强分布图

（4）图 3-18 为作用在弧形闸门上的流体静压强分布图。闸门为一圆弧面，面上各点压强逐点算出，各点压强均沿法向，指向圆弧的中心。

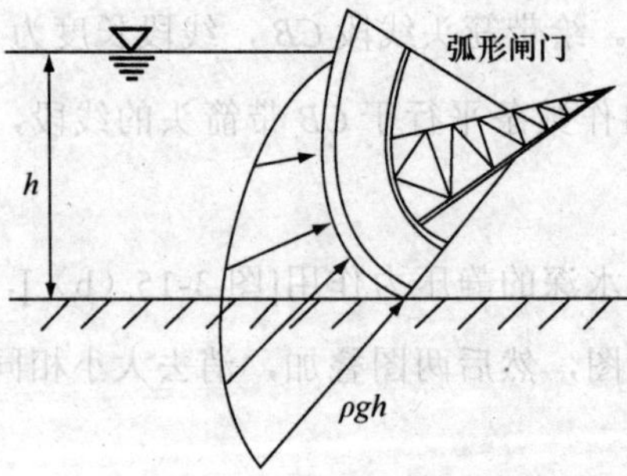

图 3-18 弧形闸门上的流体静压强分布图

3.5.2 图解法

图解法是利用压强分布图计算静水总压力的办法，该方法用于计算作用于矩形平面上所受的静水总压力最为方便。

1．静水总压力的大小

作用于平面上静水总压力的大小等于分布在平面上各点静压强的总和。因而，作用于单位宽度上的静水总压力等于静压强分布图的面积；作用于矩形平面的静水总压力等于矩形平面的宽度乘以静压强分布图的面积。

图 3-19 所示为一任意倾斜放置的矩形平面 $ABEF$，平面长为 l、宽为 b。令其静压强分布图的面积为 Ω，则作用于矩形平面上的静水总压力为

$$P = b\Omega \tag{3-21}$$

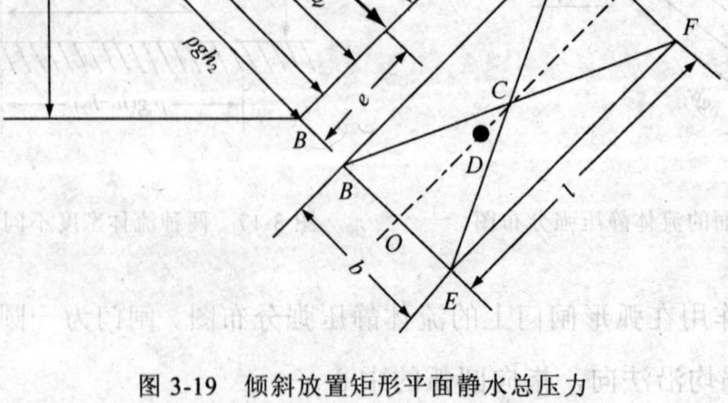

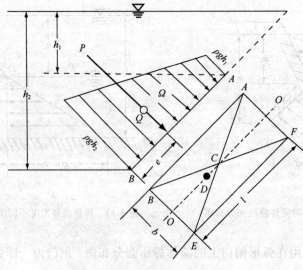

图 3-19 倾斜放置矩形平面静水总压力

因为静压强分布图为梯形，其面积$\Omega=\frac{1}{2}(\rho g h_1+\rho g h_2)l$，于是$P=\frac{1}{2}\rho g(h_1+h_2)bl$。

2．静水总压力的作用点

矩形平面有纵向对称轴，压力中心即P的作用点D必位于纵向对称轴$O-O$上，同时，总压力P的作用点还应通过压强分布图的形心点Q。

如果压强呈矩形分布，其形心必在中点处；如果压强呈三角形分布，形心必在距离底边 1/3 高度处。在图 3-19 中，压强呈梯形分布，则形心位置距离梯形底边的距离为$e=\frac{l}{3}\left(\frac{2h_1+h_2}{h_1+h_2}\right)$。

必须注意，压强分布图形心点Q与受压面形心点C之区别，如图 3-19 所示。

3.5.3 解析法

当受压面为任意形状时，常用解析法求解其静水总压力的大小和作用点位置。

1．静水总压力的大小

设任意形状平面，面积为A，与水平夹角α。选取坐标系，以平面的延伸面与液面的交线为ox轴，oy轴垂直于ox轴向下。将平面所在坐标面绕oy轴旋转 90°，展现受压平面，如图 3-20 所示。

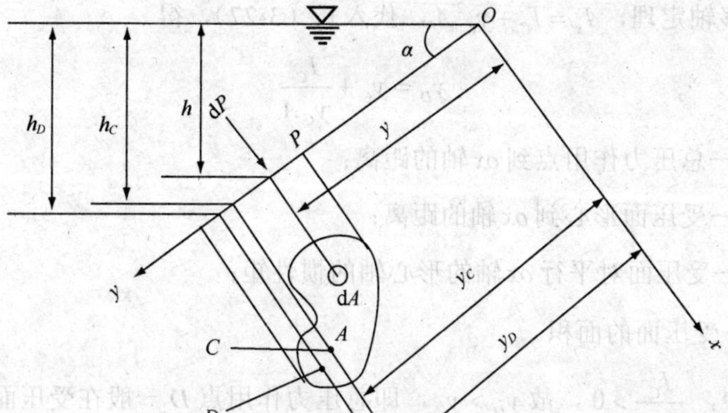

图 3-20 平面上总压力

在受压面上，围绕任一点(h,y)取微元面积 dA，液体作用在 dA 上的微小压力为

$$\mathrm{d}P=\rho g h\mathrm{d}A=\rho g y\sin\alpha\mathrm{d}A \tag{3-22}$$

作用在平面上的总压力是平行力系的合力，则

$$P=\int\mathrm{d}P=\rho g\sin\alpha\int_A y\mathrm{d}A \tag{3-23}$$

积分 $\int_A y\mathrm{d}A = y_C A$，为受压面 A 对 ox 轴的静距，代入式（3-23），得

$$P = \rho g \sin\alpha y_C A = \rho g h_C A = p_C A \tag{3-24}$$

式中，P——平面上静水总压力；

y_C——受压面形心到 ox 轴的距离；

h_C——受压面形心点的淹没深度；

p_C——受压面形心点的压强。

式（3-24）表明，任意形状平面上，静水总压力的大小等于受压面面积与其形心点的压强的乘积。总压力的方向沿受压面的内法线方向。

2．静水总压力的作用点

总压力作用点（压力中心）D 到 ox 轴的距离 y_D，根据合力矩定理有

$$P_{yD} = \int \mathrm{d}P \cdot y = \rho g \sin \int_A y^2 \mathrm{d}A \tag{3-25}$$

积分 $\int_A y^2 \mathrm{d}A = I_x$，为受压面 A 对 ox 轴的惯性矩，代入式（3-25），得

$$P_{yD} = \rho g \sin\alpha I_x \tag{3-26}$$

将 $P = \rho g \sin\alpha y_C A$ 代入式（3-26）化简，得

$$y_D = \frac{I_x}{y_C A} \tag{3-27}$$

由惯性矩的平行移轴定理，$I_x = I_C + {y_C}^2 A$，代入式（3-27），得

$$y_D = y_C + \frac{I_C}{y_C A} \tag{3-28}$$

式中，y_D——总压力作用点到 ox 轴的距离；

y_C——受压面形心到 ox 轴的距离；

I_C——受压面对平行 ox 轴的形心轴的惯性矩；

A——受压面的面积。

式（3-28）中，$\frac{I_C}{y_C A} > 0$，故 $y_D > y_C$，即总压力作用点 D 一般在受压面形心 C 之下，这是由于压强沿淹没深度增加的结果。随着受压面淹没深度的增加，y_C 增大，$\frac{I_C}{y_C A}$ 减小，总压力作用点则靠近受压面形心。

总压力作用点 D 到 oy 轴的距离 x_D，用相同的方法导出

$$x_D = x_C + \frac{I_{xyC}}{y_C A} \tag{3-29}$$

式中，x_C——受压面形心到 oy 轴的距离；

I_{xyC}——受压面对平行于 x、y 轴的形心轴的惯性矩，$I_{xyC} = \int_A xy\mathrm{d}A$。

几种常见的规则平面图形的形心位置和通过形心轴的惯性矩列于表 3-1。

表 3–1 常见的规则平面图形的形心位置和通过形心轴的惯性矩

几何图形名称	面积 A	形心坐标 y_C	通过形心轴的惯性矩 I_{xC}
矩形 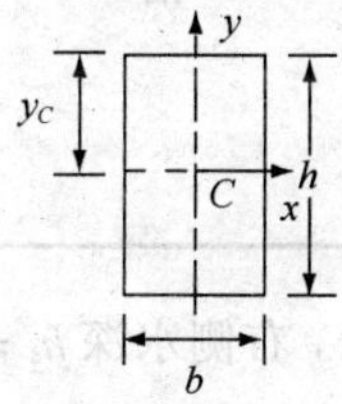	bh	$\frac{1}{2}h$	$\frac{1}{12}bh^3$
三角形 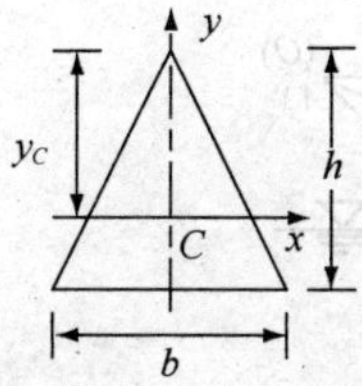	$\frac{1}{2}bh$	$\frac{2}{3}h$	$\frac{1}{36}bh^3$
半圆 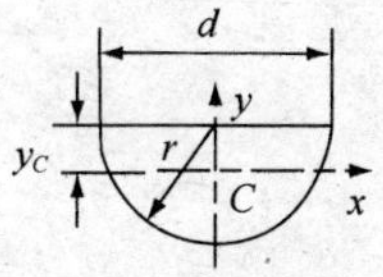	$\frac{\pi}{2}r^2$	$\frac{4r}{3\pi}$	$\frac{(9\pi^2-64)}{72\pi}r^4$
梯形 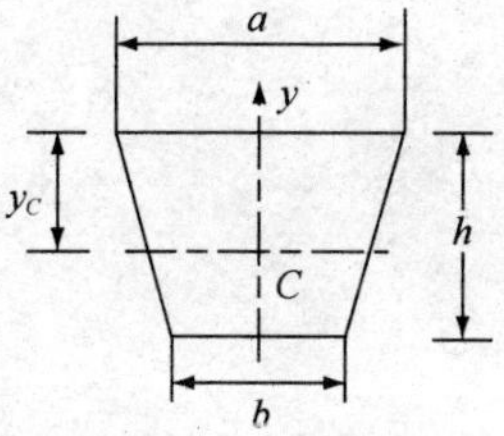	$\frac{h}{2}(a+b)$	$\frac{h}{3}\times\frac{(a+2b)}{(a+b)}$	$\frac{h^3}{36}\times\frac{(a^2+4ab+b^2)}{(a+b)}$
圆 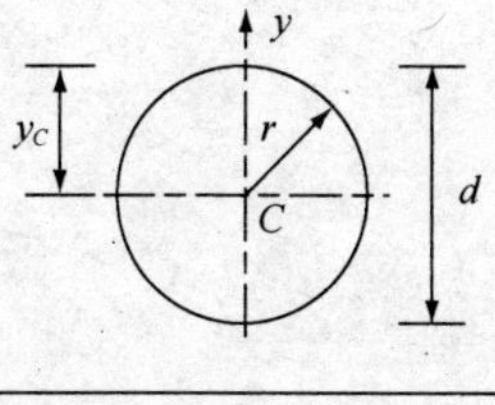	πr^2	r	$\frac{\pi}{4}r^4$

续表

几何图形名称	面积 A	形心坐标 y_C	通过形心轴的惯性矩 I_{xC}
椭圆 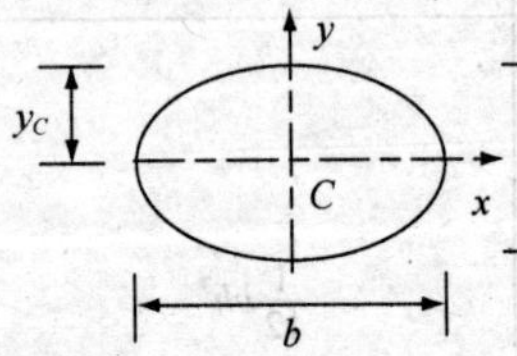	$\frac{\pi}{4}bh$	$\frac{h}{2}$	$\frac{\pi}{64}bh^3$

例 3-5 宽为 1m，长为 AB 的矩形闸门，倾角为 45°，左侧水深 $h_1 = 3\text{m}$，右侧水深 $h_2 = 2\text{m}$，如图 3-21 所示。求作用在闸门上的水的静压力及其作用点？

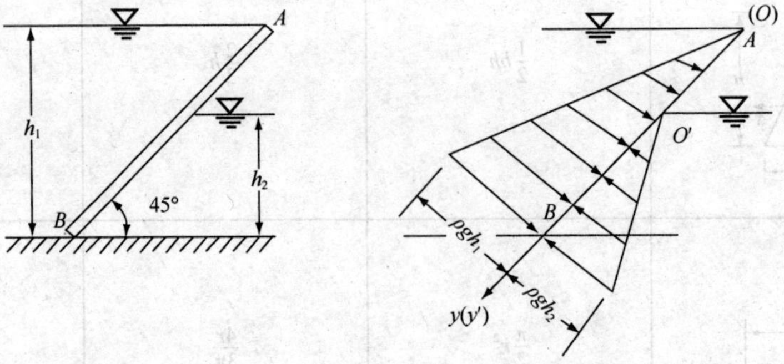

图 3-21

【解法一】解析法：

闸门左侧受力：

$$P_1 = p_{C1}A_1 = \rho g \frac{h_1}{2} \times \frac{h_1}{\sin 45^\circ} \times 1 = 62.42\text{kN}$$

$$y_{C1} = \frac{1}{2} \times \frac{h_1}{\sin 45^\circ} = 2.121\text{m}$$

$$I_{C1} = \frac{ba_1^3}{12} = \frac{1}{12} \times 1 \times \left(\frac{h_1}{\sin 45^\circ}\right)^3 = 6.364\text{m}^4$$

$$A_1 = \frac{h_1}{\sin 45^\circ} \times 1 = 4.243\text{m}^2$$

$$y_{D1} = y_{C1} + \frac{I_{C1}}{y_{C1}A_1} = 2.828\text{m}$$

闸门右侧受力：

$$P_2 = p_{C2}A_2 = \rho g \frac{h_2}{2} \times \frac{h_2}{\sin 45^\circ} \times 1 = 27.74\text{kN}$$

$$y'_{C2}=\frac{1}{2}\times\frac{h_2}{\sin 45^\circ}=1.414\text{m}$$

$$I_{C2}=\frac{ba_2^{\ 3}}{12}=\frac{1}{12}\times 1\times\left(\frac{h_2}{\sin 45^\circ}\right)^3=1.886\text{m}^4$$

$$A_2=\frac{h_2}{\sin 45^\circ}\times 1=2.828\text{m}^2$$

$$y'_{D2}=y'_{C2}+\frac{I_{C2}}{y'_{C2}A_2}=1.886\text{m}$$

闸门总的受力：$P=P_1-P_2=34.68\text{kN}$

考虑 P_1，P_2 对 O' 点的合力矩

$$P_1\cdot\overline{D_1O'}-P_2\cdot\overline{D_2O'}=P\cdot\overline{DO'}$$

$$y'_{D1}=\overline{D_1O'}=y_{D1}-\frac{h_1-h_2}{\sin 45^\circ}=1.414\text{m}$$

$$D_2O'=y_{D2},DO'=y'_D$$

得出 $y'_D=\dfrac{P_1\cdot y'_{D1}-P_2\cdot y'_{D2}}{P}=\dfrac{62.42\times 1.414-27.74\times 1.886}{34.68}=1.052\text{m}$

或 $y_D=\dfrac{h_1-h_2}{\sin 45^\circ}+y'_D=1.414+1.052=2.466\text{m}$

【解法二】图解法：

作闸门左右侧的压强分布图

$$P_1=\frac{1}{2}\rho g h_1\times y_B=\frac{1}{2}\times 10^3\times 9.807\times 3\times\frac{3}{\sin 45^\circ}=62.41\text{kN}$$

$$y_{D1}=\frac{2}{3}y_B=\frac{2}{3}\times\frac{3}{\sin 45^\circ}=2.828\text{m}$$

$$P_2=\frac{1}{2}\rho g h_2\times y'_B=\frac{1}{2}\times 10^3\times 9.807\times 2\times\frac{2}{\sin 45^\circ}=27.7\text{kN}$$

$$y'_{D2}=\frac{2}{3}y'_B=\frac{2}{3}\times\frac{2}{\sin 45^\circ}=1.886\text{m}$$

同理可得

$$P=34.68\text{kN}$$

$$y'_D=1.052\text{m}\ \ \text{或}\ \ y_D=2.466\text{m}$$

显然，对矩形平面受力，用图解法较简练；对平面两侧受水体作用的问题可分解成两个独立的单面受力问题，分别求出静水压力的大小和压力中心，再根据理论力学平面平行力系的简化，求出静水总压力的压力中心和大小；在解析法中，由于两侧的坐标系原点，在不同的液面上，尽管 y 轴轴线是重合的，应将坐标系的符号加以区别，本题解中，左侧用 Oy，右侧用 $O'y'$ 表示。AB 板上相关点的坐标符号也应正确表达。

3.6 作用在曲面上的液体压力

实际的工程曲面，如圆形储水池壁面、圆管壁面、弧形闸门以及球形容器等，多为曲线（柱面）或球面。曲面可分为三维曲面和二维曲面，以下只讨论工程中常见的二维曲面上的总压力。

3.6.1 曲面上的总压力

设二维曲面 AB（柱面），母线垂直于图面，曲面的面积为 A，一侧承压。选坐标系，令 xoy 平面与液面重合，Oz 轴向下，如图 3-22 所示。

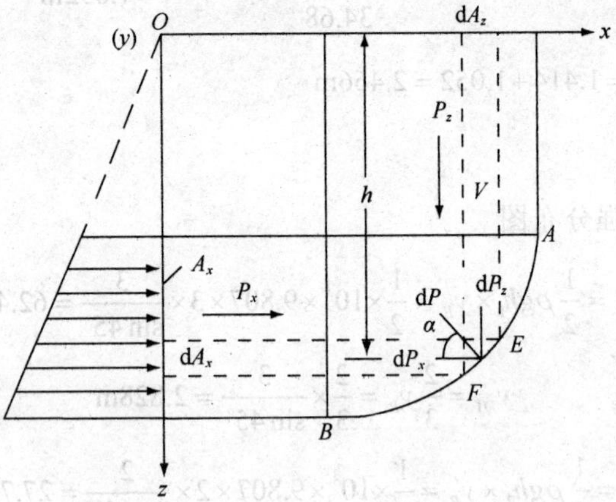

图 3-22 曲面上的总压力

在曲面上沿母线方向任取条形微元面 EF，因各微元面上的压力 $\mathrm{d}P$ 方向不同，而不能直接积分求作用在曲面上的总压力。为此将 $\mathrm{d}P$ 分解为水平分力和铅垂分力。

$$
\begin{aligned}
\mathrm{d}P_x &= \mathrm{d}P\cos\alpha = \rho gh\mathrm{d}A\cos\alpha = \rho gh\mathrm{d}A_x \\
\mathrm{d}P_z &= \mathrm{d}P\sin\alpha = \rho gh\mathrm{d}A\sin\alpha = \rho gh\mathrm{d}A_z
\end{aligned} \tag{3-30}
$$

式中，$\mathrm{d}A_x$ —— EF 在铅垂投影面上的投影；

$\mathrm{d}A_z$ —— EF 在水平投影面上的投影。

总压力的水平分力 $P_x = \int \mathrm{d}P_x = \rho g \int_{A_x} h\mathrm{d}A_x$ （3-31）

积分 $\int_{A_x} h\mathrm{d}A_x$ 是曲面的铅垂投影面 A_x 对 Oy 轴的静矩，$\int_{A_x} h\mathrm{d}A_x = h_C A_x$，代入式（3-31），得

$$P_x = \rho g h_C A_x = p_C A_x \tag{3-32}$$

式中，P_x——曲面上总压力的水平分力；

A_x——曲面的铅垂投影面积；

h_C——投影面 A_x 形心点的淹没深度；

p_C——投影面 A_x 形心点的压强。

式（3-32）表明，液体作用在曲面上总压力的水平分力，等于作用在该曲面的铅垂投影面的压力。

总压力的铅垂分力为

$$P_z = \int \mathrm{d}P_z = \rho g \int_{Az} h\mathrm{d}A_z = \rho g V \tag{3-33}$$

式中，$\int_{Az} h\mathrm{d}A_z = V$，是曲面到自由液面（或自由液面延伸面）之间的铅垂柱体-压力体的体积。式（3-33）表明，液体作用在曲面上总压力的铅垂分力，等于压力体的重量。

液体作用在二向曲面的总压力是平面汇交力系的合力为

$$P = \sqrt{P_x^2 + P_z^2} \tag{3-34}$$

总压力作用线与水平面夹角为

$$\tan\theta = \frac{P_z}{P_x}$$

$$\theta = \arctan\frac{P_z}{P_x} \tag{3-35}$$

过 P_x 作用线（通过 A_x 压强分布图形心）和 P_z 作用线（通过压力体的形心）的交点，作与水平面成 θ 角的直线就是总压力作用线，该线与曲面的交点即为总压力作用点。

例 3-6 图 3-23 所示为一溢流坝上的弧形闸门。已知：$R = 10\text{m}$，闸门宽 $B = 8\text{m}$，$\theta = 30^\circ$。求作用在该弧形闸门上的静水总压力的大小和方向。

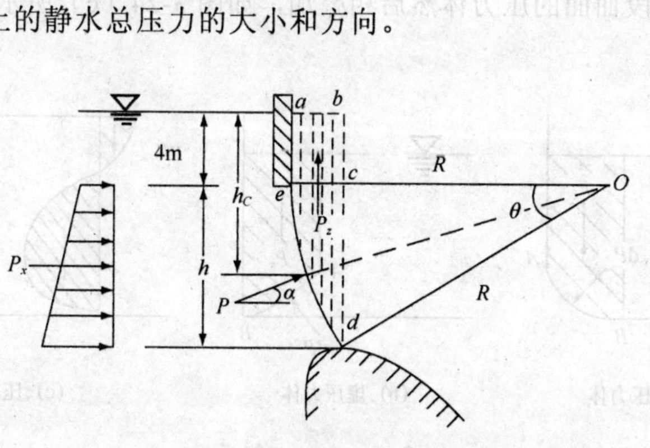

图 3-23 弧形闸门上静水总压力

解　(1)水平分力。垂直投影面，面积 $Ax = bh = 8\times R\sin 30^\circ = 40\text{m}^2$，投影面形心点淹没深度 $h_C = 4+\dfrac{h}{2} = 4+\dfrac{R\sin 30^\circ}{2} = 6.5\text{m}$。

故 $P_x = \rho g h_C A_x = 2548\text{kN}$，方向向右。

(2)垂直分力。压力体如图中 $abcde$，压力体体积 $V = A_{abcde}b$，$A_{abcde} = A_{abce} + A_{cde}$。

A_{cde} = 扇形面积 Ode − 三角形面积 $Ocd = \pi R^2 \times \dfrac{30^\circ}{360^\circ} - \dfrac{1}{2}R\sin 30^\circ \times R\cos 30^\circ = 4.52\text{m}^2$

$A_{abce} = 4\times\left(R - R\cos 30^\circ\right) = 5.36\text{m}^2$，$A_{abcde} = A_{abce} + A_{cde} = 5.36 + 4.52 = 9.88\text{m}^2$

故 $P_z = \rho g V = 1000\times 9.8\times 9.88\times 8 = 774.6\text{kN}$，方向向上。

(3)总压力 $P = \sqrt{P_x^2 + P_z^2} = 2663\text{kN}$。

(4)作用力方向。总压力指向曲面，总压力作用线与水平方向夹角为 $\theta = \arctan\dfrac{P_z}{P_x} = 16.91^\circ$。

3.6.2 压力体

压力体是从积分式 $P_z = \int \mathrm{d}P_z = \rho g \int_{Az} h\mathrm{d}A_z = \rho g V$ 得到的一个体积，它是一个纯数学概念，与该体积内是否有液体存在无关。所以对压力体可进一步定义为：压强等于大气压的自由表面或其延伸面与曲面所围成的垂直柱面之间的封闭体积。自由液面与曲面之间通常由同一种流体连通，如果其间有不同密度的流体，则压力体的体积应为各部分流体压力体体积的叠加。曲面所受垂直分力 P_z 的方向可以向上，也可以向下。当压力体和液体在曲面的同侧时，压力体内实有液体，称为实压力体，P_z 方向向下，如图 3-24(a)所示；当压力体和液体在曲面的异侧时，压力体内虚空，称为虚压力体，P_z 方向向上，如图 3-24(b)所示；对于复杂曲面，可以分别考虑各段曲面的压力体然后相叠加，如图 3-24(c)所示。

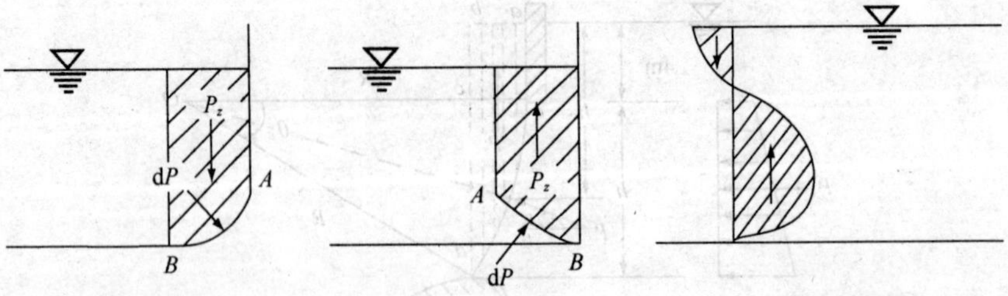

(a) 实压力体　　(b) 虚压力体　　(c) 压力体叠加

图 3-24　压力体

3.6.3　阿基米德浮力原理

液体对浸没于其中任意形状的物体所产生的作用力称为浮力，如图 3-25 所示。设有一体积为 V 的物体浸没于静止液体中，物体在液面以下的某一深度。不难看出，液体对该物体水平方向上的作用力相互抵消，合力为零。对于垂直方向上的合力，可应用压力体的方法求得。

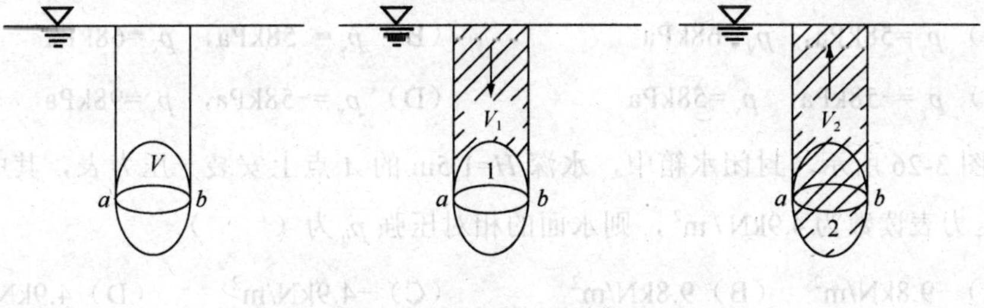

图 3-25　阿基米德浮力原理

将物体外表面分为两部分：对于上半部分曲面，液体的垂直分力为 $P_1=\rho gV_1$，方向向下；对下半部分曲面，液体的垂直分力为 $P_2=\rho gV_2$，方向向上；则液体对整个物体的垂直合力为

$$P=P_2-P_1=\rho g\left(V_2-V_1\right)=\rho gV \tag{3-36}$$

式（3-36）表明，浸入流体中的物体所受浮力的大小等于它所排开流体的重力，方向垂直向上，这就是阿基米德浮力原理。浮力本质上是物体上下表面的压力差。随着深度的增加，V_1 和 V_2 都增大，即上下表面的作用力都增大了，但是其差不变，即浮力保持不变。

习题

一、选择题

1．绝对压强 p_{abs} 与相对压强 p、真空度 p_v、当地大气压 p_a 之间的关系是（　　）。

（A）$p_{abs}=p+p_v$　（B）$p=p_{abs}+p_a$　（C）$p_v=p_a-p_{abs}$　（D）$p=p_v+p_a$

2．设水自由液面压强为 1 个工程大气压 p_a，则水自由液面以下 3m 处的绝对压强为（　　）。

（A）1.0 p_a　（B）1.3 p_a　（C）1.5 p_a　（D）2.0 p_a

3．某点的绝对值压强为 p_{abs}=68.6kPa，则其相对压强 p 和真空度 p_v 分别为（　　）。

（A）p=−29.4kPa，p_v=3 m（水柱）　（B）p=29.4kPa，p_v=3m（水柱）

（C）p=−68.6kPa，p_v=7 m（水柱）　（D）p=68.6kPa，p_v=6m（水柱）

4．自由液面下 2m 处的绝对压强为（　　）。

（A）1.2 工程大气压　（B）1.5 工程大气压

（C）2.1 工程大气压　（D）1.8 工程大气压

5．静止流体中存在（　　）。

（A）压应力　（B）压应力和拉应力　（C）剪应力　（D）压应力、剪应力

6．设某点压力表读数为 p=40kPa，取 p_γ 为相对压强，p_{abs} 为绝对值压强，则（　　）。

（A）p_γ=40kPa，p_{abs}=98kPa　（B）p_γ=40kPa，p_{abs}=138kPa

（C）p_γ=138kPa，p_{abs}=40kPa　（D）p_γ=98kPa，p_{abs}=40kPa

7．某点的绝对压强 p_{abs}=40kPa，则其相对压强 p_γ 与真空值 p_v 分别为（　　）。

（A）p_γ=58kPa，p_v=68kPa　（B）p_γ=−58kPa，p_v=68kPa

（C）p_γ=−58kPa，p_v=58kPa　（D）p_γ=−58kPa，p_v=98kPa

8．如图 3-26 所示，封闭水箱中，水深 H=1.5m 的 A 点上安装一压力表，其中心距 A 点 h=0.5m，压力表读数为 4.9kN/m²，则水面的相对压强 p_0 为（　　）。

（A）−9.8kN/m²　（B）9.8kN/m²　（C）−4.9kN/m²　（D）4.9kN/m²

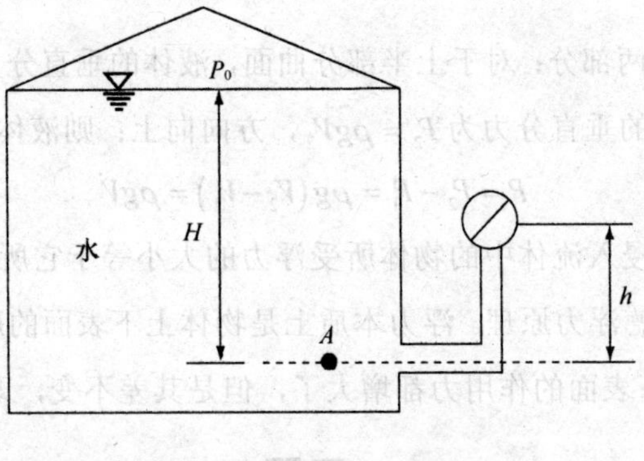

图 3-26　选择题 8 示意图

9．如图 3-27 所示，水沿垂直管上升 1m，容器 A 内的真空值为（　　）。

（A）88.2kPa　（B）44.1kPa　（C）19.6kPa　（D）9.8kPa

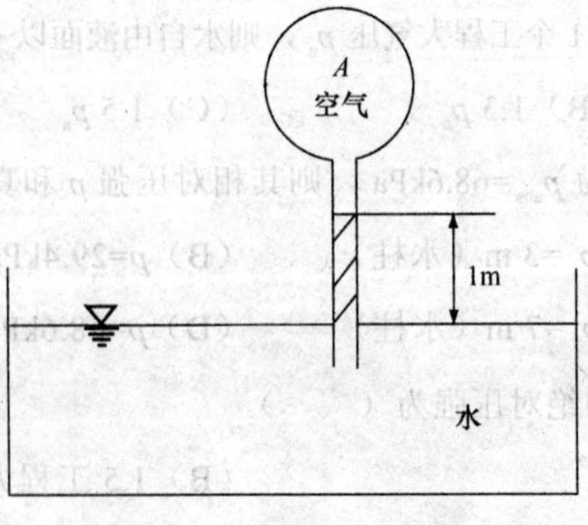

图 3-27　选择题 9 示意图

10．如图 3-28 所示，用 U 形水银压差计测 A 点压强，h_1=500mm，h_2=300mm，A 点的相对压强等于（ ）。

（A）17246N/m^2 （B）63746N/m^2 （C）44125N/m^2 （D）235625N/m^2

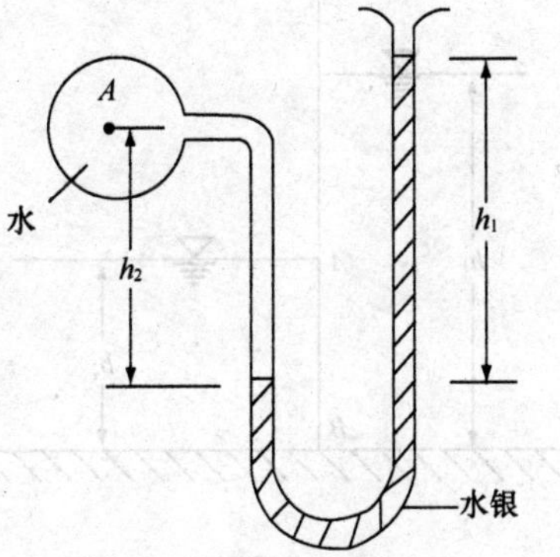

图 3-28 选择题 10 示意图

11．图 3-29 所示为 U 形水银压差计，A、B 两点的高程为 Z_A、Z_B，管中为水，测压管中的工作液体为水银，$\Delta h_m = 20\text{cm}$，则 A、B 两点的测压管水头差为（ ）。

（A）2.52m（水柱） （B）2.20m（水柱）

（C）1.98m（水柱） （D）26.66m（水柱）

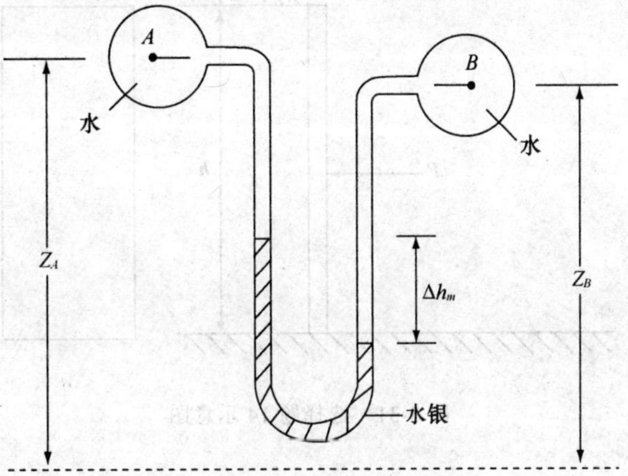

图 3-29 选择题 11 示意图

12．压力表测出的压强为（ ）。

（A）绝对压强 （B）真空压强 （C）相对压强 （D）实际压强

13．如图 3-30 所示，正方形平板闸门 AB，边长为 1m，两侧水深 h_1=2m，h_2=1m，此闸所受静水总压力为（ ）。

（A）9.8kN （B）19.6kN （C）38.6kN （D）54.0kN

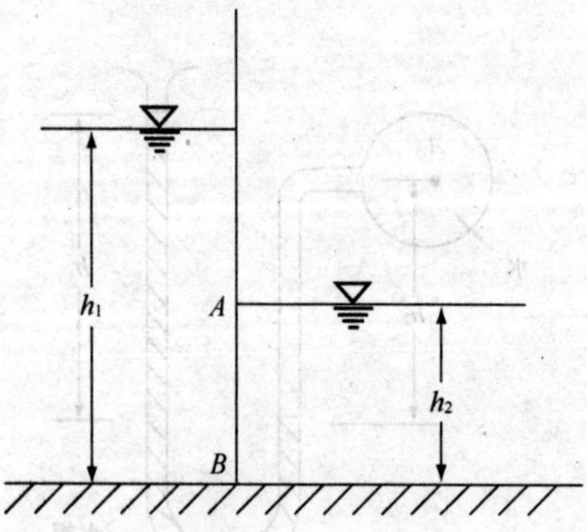

图 3-30 选择题 13 示意图

14．如图 3-31 所示的平面闸门，门高 h=2m，宽 b=1.5m，门顶距水面 a=1m，作用在闸门上的静水压力为（ ）。

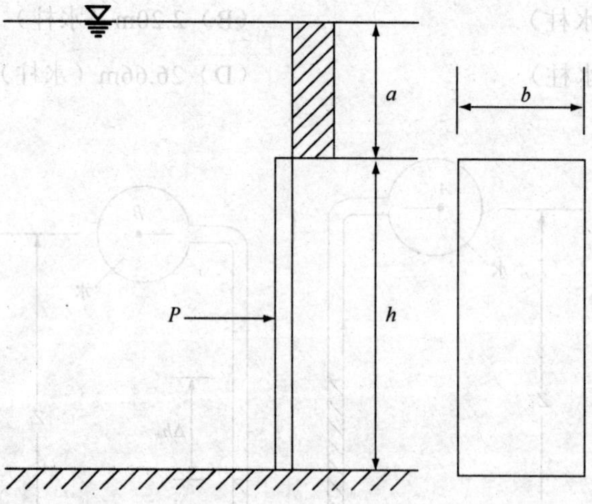

图 3-31 选择题 14 示意图

（A）58.8kN （B）70.0kN （C）65.5kN （D）68.8kN

15．如图 3-32 所示，矩形平板闸门 AB，高 3m，宽 2m，两侧承压，上游水深 6m，下游水深 4m，门闸所受压力为（ ）。

（A）152.4kN （B）117.7kN （C）264.6kN （D）381.2kN

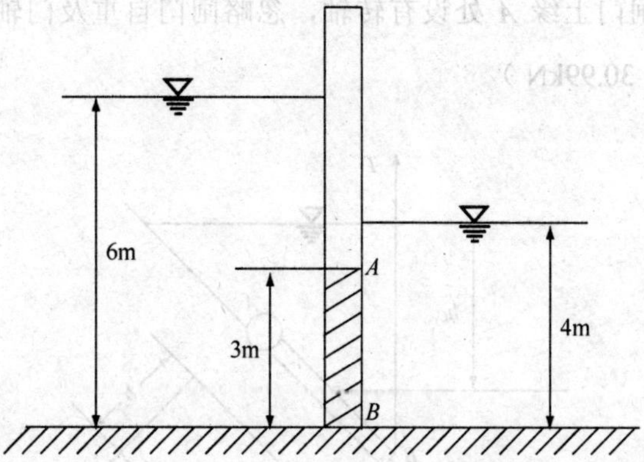

图 3-32　选择题 15 示意图

二、计算题

1．如图 3-33 所示，用多管水银测压计测压，图中标高的单位为 m，试求水面压强 p_0。（答案为：264796Pa）

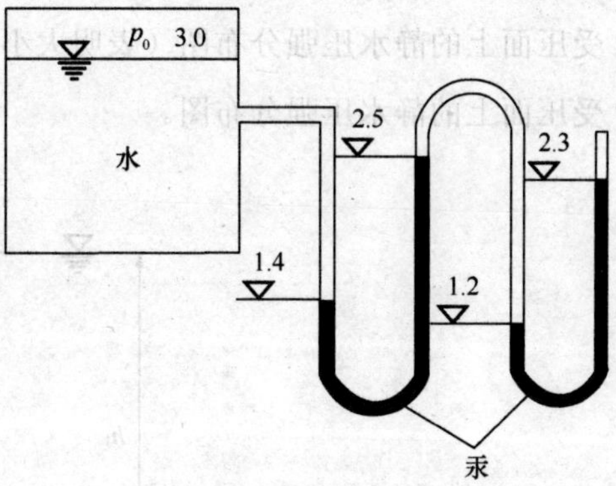

图 3-33　计算题 1 示意图

2．如图 3-34 所示，矩形平板挡水，与水平面夹角为 30°，平板上边与水面齐平，水深 h=3m，平板宽 5m。试求作用在平板上的静水总压力。（答案为：441kN）

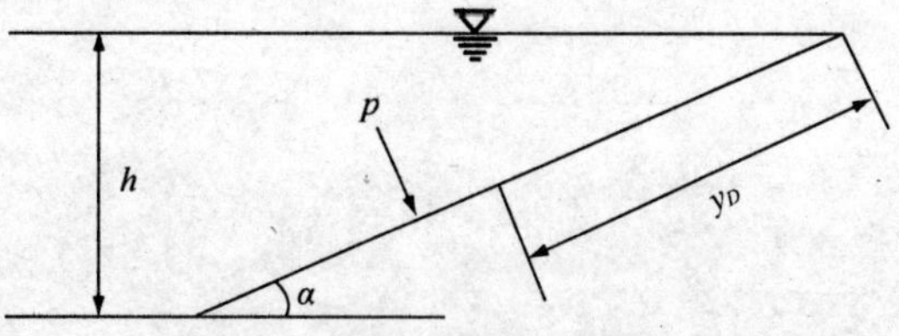

图 3-34　计算题 2 示意图

3．如图 3-35 所示，矩形平板闸门 AB，一侧挡水，已知长 l=2m，宽 b=1m，形心点水深

h_C=2m，倾角 α=45°，闸门上缘 A 处设有转轴，忽略闸门自重及门轴摩擦力，试求开启闸门所需拉力 T。（答案为：30.99kN）

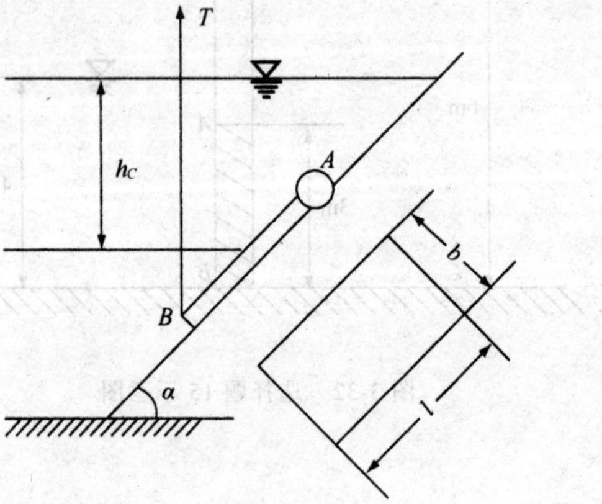

图 3-35 计算题 3 示意图

三、绘图题

1．画出图 3-36 中 AB 受压面上的静水压强分布图（表明大小、方向）。

2．画出图 3-37 中 AB 受压面上的静水压强分布图。

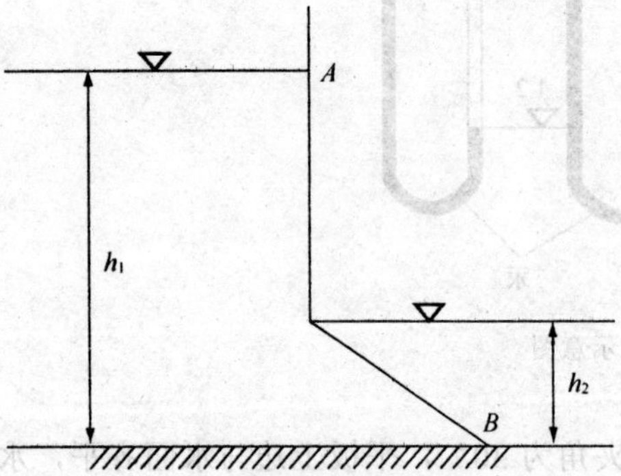

图 3-36 绘图题 1 示意图

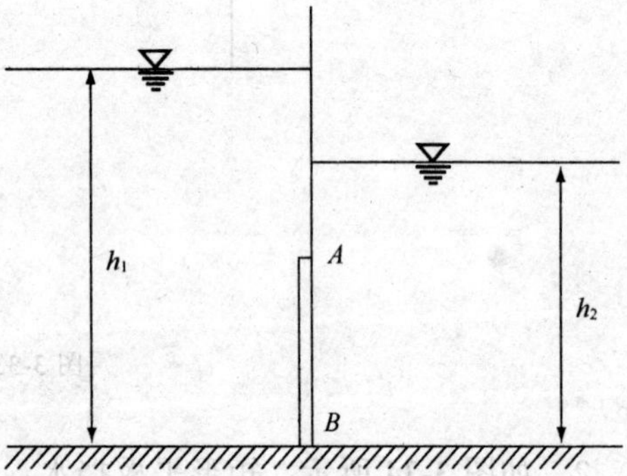

图 3-37 绘图题 2 示意图

第4章 流体运动学及动力学基础

流体运动学主要研究流体的运动规律，既描述流体的运动方法，质点的速度、加速度的变化和所遵循的规律。分析流体运动最基本的理论工具是流体动力学的基本方程。流体动力学基本方程可用微分形式来表示，也可用积分形式来表示，二者的本质是一致的。

4.1 描述流体质点运动的两种方法

流体是由无数个质点组成的连续介质，因此，研究流体运动规律的方法和固体不同。描述流体运动的方法主要有拉格朗日法和欧拉法。

4.1.1 拉格朗日法（Lagrange Method）

拉格朗日法又称随体法，它着眼于流体各质点的运动情况，以个别质点作为观察对象加以表述，追踪研究每一个流体质点的运动规律，将各个质点的运动汇总起来，得到整个流场的运动规律，见图 4-1。

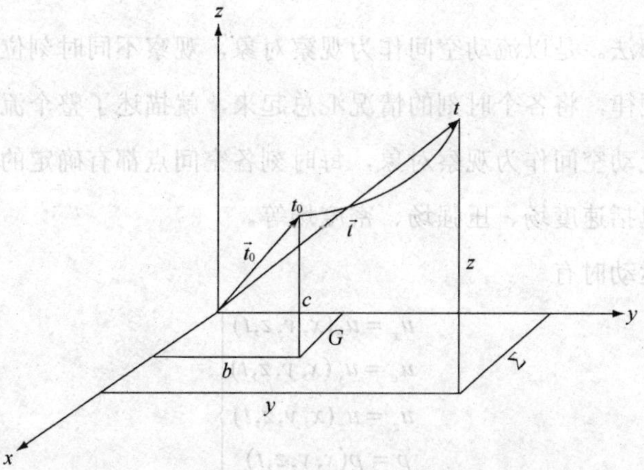

图 4-1 拉格朗日法

拉格朗日法以某一指定的流体质点在 t_0 时刻的初始坐标为 $(a,\ b,\ c)$，则在任一 t 时刻该质点的位置就是 t_0 时刻该质点的起始坐标和时间变量连续的函数，式（4-1）表达了该点的运动轨迹。

$$\left.\begin{aligned} x &= (a,b,c,t) \\ y &= y(x,y,z,t) \\ z &= z(x,y,z,t) \end{aligned}\right\} \tag{4-1}$$

式中　a,b,c,t——拉格日变数。

当研究该流体质点的流速 u 及加速度 a 时，直接将式（4-1）对时间求一阶和二阶偏导数，在求导过程中，$a,\ b,\ c$ 均视为常数。

$$\left.\begin{aligned} u_x &= \frac{\partial x(a,b,c,t)}{\partial t} \\ u_y &= \frac{\partial y(a,b,c,t)}{\partial t} \\ u_z &= \frac{\partial z(a,b,c,t)}{\partial t} \end{aligned}\right\} \tag{4-2}$$

$$\left.\begin{aligned} a_x &= \frac{\partial u_x}{\partial t} = \frac{\partial^2 x}{\partial t^2} \\ a_y &= \frac{\partial u_y}{\partial t} = \frac{\partial^2 y}{\partial t^2} \\ a_z &= \frac{\partial u_z}{\partial t} = \frac{\partial^2 z}{\partial t^2} \end{aligned}\right\} \tag{4-3}$$

u_x,u_y,u_z,a_x,a_y,a_z 分别为液体质点流速 u 及加速度 a 沿三坐标轴的分量。拉格朗日法物理概念简明，但不仅数学上难以实现，在实际中也不需要了解质点运动的全过程，除分析波浪运动等个别情况外，较少采用这一方法。

4.1.2　欧拉法（Euler Method）

欧拉法又称局部法。是以流动空间作为观察对象，观察不同时刻位于流场中不同空间点的流体质点的运动规律，将各个时刻的情况汇总起来，就描述了整个流场的运动规律。

由于欧拉法以流动空间作为观察对象，每时刻各空间点都有确定的运动参数，这样的空间区域称为流场，包括速度场、压强场、密度场等。

用欧拉法描述运动时有

$$\left.\begin{aligned} u_x &= u_x(x,y,z,t) \\ u_y &= u_y(x,y,z,t) \\ u_z &= u_z(x,y,z,t) \\ p &= p(x,y,z,t) \\ \rho &= \rho(x,y,z,t) \end{aligned}\right\} \tag{4-4}$$

空间坐标 x，y，z 和时间变量 t 称为欧拉变数。

采用欧拉法，某时刻空间点速度可表示为

$$\vec{u}=\vec{u}(x,y,z,t) \tag{4-5}$$

空间坐标 x，y，z 是时间 t 的函数，即

$$x=x(t)\quad y=y(t)\quad z=z(t) \tag{4-6}$$

加速度表示为为

$$\begin{aligned}\vec{a}&=\frac{\mathrm{d}\vec{u}}{\mathrm{d}t}=\frac{\partial\vec{u}}{\partial t}+\frac{\partial\vec{u}}{\partial x}\frac{\mathrm{d}x}{\mathrm{d}t}+\frac{\partial\vec{u}}{\partial y}\frac{\mathrm{d}y}{\mathrm{d}t}+\frac{\partial\vec{u}}{\partial z}\frac{\mathrm{d}z}{\mathrm{d}t}\\&=\frac{\partial\vec{u}}{\partial t}+\frac{\partial\vec{u}}{\partial x}u_x+\frac{\partial\vec{u}}{\partial y}u_y+\frac{\partial\vec{u}}{\partial z}u_z\end{aligned} \tag{4-7}$$

分量形式为

$$\left.\begin{aligned}a_x&=\frac{\partial u_x}{\partial t}+\frac{\partial u_x}{\partial x}u_x+\frac{\partial u_x}{\partial y}u_y+\frac{\partial u_x}{\partial z}u_z\\a_y&=\frac{\partial u_y}{\partial t}+\frac{\partial u_y}{\partial x}u_x+\frac{\partial u_y}{\partial y}u_y+\frac{\partial u_y}{\partial z}u_z\\a_z&=\frac{\partial u_z}{\partial t}+\frac{\partial u_z}{\partial x}u_x+\frac{\partial u_z}{\partial y}u_y+\frac{\partial u_z}{\partial z}u_z\end{aligned}\right\} \tag{4-8}$$

此加速度表达式称为质点导数，它由两部分组成：一是速度随时间变化率，$\frac{\partial u}{\partial t}$ 称为时变加速度或当地加速度；二是速度随位置变化率，$u_x+\frac{\partial u_x}{\partial y},u_y+\frac{\partial u_y}{\partial y},u_z\frac{\partial u_z}{\partial z}$ 等各项统称为位变加速度或迁移加速度。

与拉格朗日法的不同点：欧拉法只以空间点的流速、加速度为研究对象，并不涉及流体质点的运动过程，也不考虑各点流速及加速度属于哪一质点。欧拉法广泛应用于流体力学的研究中。

4.2 流体运动的基本概念

4.2.1 流线、迹线

1．流线

所谓流线，是指某一时刻在流场中画出的一条空间曲线，在该时刻，曲线上的所有质点的流速矢量均与这条曲线相切，如图 4-2 所示。

流线能够形象地描绘出流场内的流动状态，它也是欧拉法描述流体运动的几何基础。

流线的特性是一般不会相交，否则位于交点的流体质点，在同一时刻就有与两条直线相切的两个速度矢量，这是不可能的；流线只能是一条光滑曲线或直线，不可能是折线；流线密的地方流速大，流线疏的地方流速小。

设 t 时刻，在流线上某点附近取微元段矢量 $\overrightarrow{\mathrm{d}r}$，$\vec{u}$ 为该点速度矢量，由于 $\overrightarrow{\mathrm{d}r}$ 足够小，因此，二者方向一致，如图 4-3 所示。即

$$\overrightarrow{\mathrm{d}r} \times \vec{u} = 0 \tag{4-9}$$

在直角坐标系中，流线微分方程为

$$\frac{\mathrm{d}x}{u_x} = \frac{\mathrm{d}y}{u_y} = \frac{\mathrm{d}z}{u_z} \tag{4-10}$$

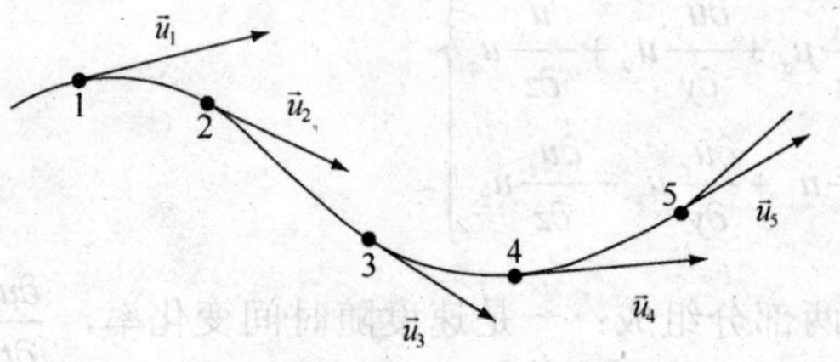

图 4-2　某时刻流线

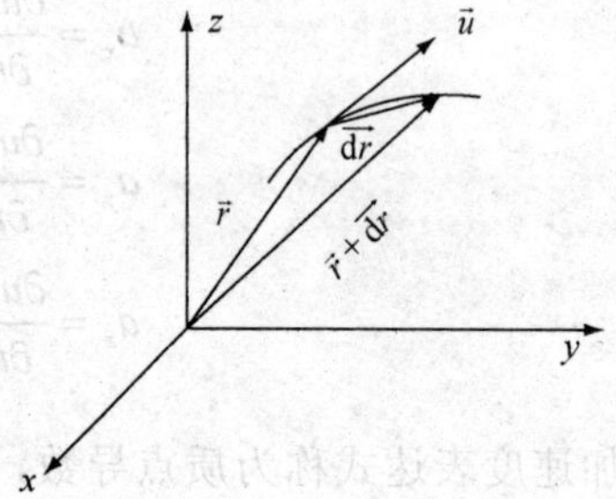

图 4-3　流线方程

2．迹线

迹线是流体质点在某一时段的运动轨迹。由运动方程

$$\left.\begin{aligned} \mathrm{d}x &= u_x \mathrm{d}t \\ \mathrm{d}y &= u_y \mathrm{d}t \\ \mathrm{d}z &= u_z \mathrm{d}t \end{aligned}\right\} \tag{4-11}$$

得到迹线的微分方程

$$\frac{\mathrm{d}x}{u_x} = \frac{\mathrm{d}y}{u_y} = \frac{\mathrm{d}z}{u_z} = \mathrm{d}t \tag{4-12}$$

式中，时间 t 为自变量，x、y、z 为因变量，u_x、u_y、u_z 为 t、x、y、z 的函数。

初看起来，流线微分方程与迹线微分方程类似，但是，两者含义是不同的。对于流线微分方程，x、y、z 是与 t 无关的独立变量，它们表示在某一瞬间 t 组成同一流线的空间点坐标。因此，在流线微分方程积分过程中，时间 t 可作为常量处理。

例 4-1　已知平面流场的速度分布，$u_x = -4x + 2, u_y = 4y - 2$，求流线方程。

解 根据流线方程 $\frac{dx}{u_x}=\frac{dy}{u_y}=\frac{dz}{u_z}$ 可得：

$$\frac{dx}{-4x+2}=\frac{dy}{4y-2}$$

$$-\ln(-4x+2)=\ln(4y-2)-\ln C$$

$$(-4x+2)(4y-2)=C$$

4.2.2 流管、元流（流束）与总流

1．流管

流管是在流场中任取不与流线重合的封闭曲线，过曲线上各点作流线所构成的管状表面，如图 4-4 所示。由于流线不能相交，所以流体不能由流管壁出入。

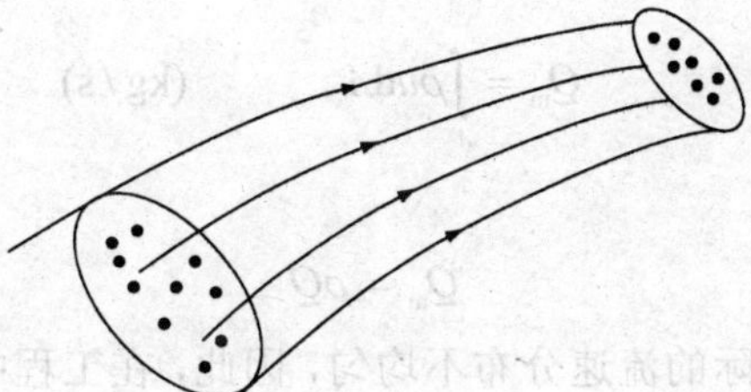

图 4-4 流束

2．元流

流管中流动的流体元流、流束或纤流，元流的极限是一条流线。

3．总流

把边界扩展到整个运动流体的边界上，则边界内整股流动的流束称为总流。即总流在边界内由无数股元流组成。例如，工程中沿某一方向流动的水管、风管等。

4.2.3 过流断面、流量与断面平均流速

1．过流断面

过流断面是在流束上作出的与流线正交的横断面，不都是平面，只有在流线相互平行的均匀流段，才是平面（见图 4-5）。

2．流量与断面平均流速

流量是单位时间内通过某一过流断面的流体量，以 Q 表示。

如果通过的量以体积计量就是体积流量，简称流量；如通过的量以质量计量，则为质量

流量。以 dA 表示过流断面的微元面积，u 表示该点速度。

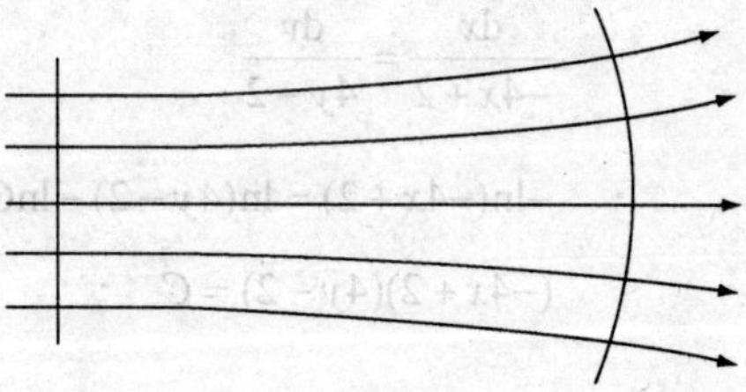

图 4-5　过流断面

体积流量

$$Q = \int_A u\mathrm{d}A \qquad (\mathrm{m^3/s}) \tag{4-13}$$

质量流量

$$Q_\mathrm{m} = \int_A \rho u\mathrm{d}A \qquad (\mathrm{kg/s}) \tag{4-14}$$

对均质不可压缩流体

$$Q_\mathrm{m} = \rho Q$$

由于总流过流断面上实际的流速分布不均匀，因此，在工程中常用断面平均流速来表示。以管流为例，管壁附近流速较小，轴线上流速最大，如图 4-6 所示。为了方便，设过流断面上流速均匀分布，通过流量与实际流量相同，流速 v 定义为该断面的平均流速，即

$$\left.\begin{aligned} Q &= \int_A u\mathrm{d}A = Av \\ v &= \frac{Q}{A} \end{aligned}\right\} \tag{4-15}$$

当流量 Q 一定时，过水断面越大，断面平均流速越小；过水断面越小，断面平均流速越大。

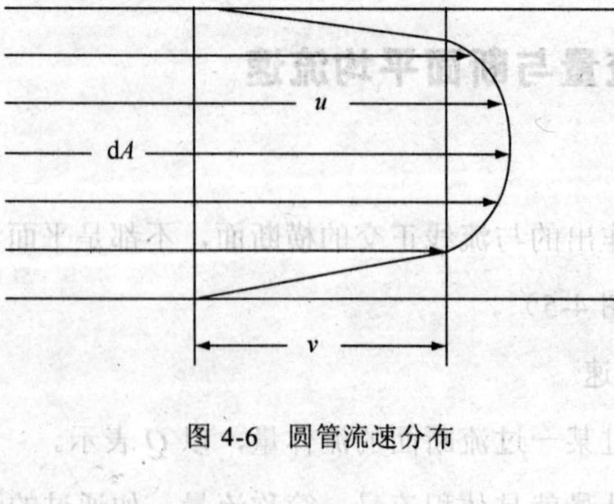

图 4-6　圆管流速分布

4.3 流体运动分类

4.3.1 恒定流与非恒定流

恒定流动又称定常流动，指流场中各空间点上的运动参数不随时间变化，只与空间位置有关的流动。此时流体被称为恒定流；反之称为非恒定流。恒定流的流场方程为

$$\left.\begin{aligned}\vec{u}&=\vec{u}(x,y,z)\\p&=p(x,y,z)\\\rho&=\rho(x,y,z)\end{aligned}\right\}\tag{4-16}$$

或物理量的时变导数为零

$$\frac{\partial A}{\partial t}=0$$

恒定流各空间点上的速度矢量不随时间变化，流线的形状和位置不随时间的变化，此时流线和迹线在几何上是一致的，非恒定流相反。

4.3.2 一元流、二元流与三元流

以空间为标准，若各空间点上的运动参数（主要是速度）是三个空间坐标和时间变量的函数，流动是三元流动。

$$\vec{u}=\vec{u}(x,y,z,t)$$

若各空间点上的速度平行于某一平面，运动参数只是两个空间坐标和时间变量的函数，流动是二元流动。

$$\vec{u}=\vec{u}(x,y,t)$$

若各空间点上的运动参数只是一个空间坐标和时间变量的函数，流动是一元流动。

$$\vec{u}=\vec{u}(x,t)$$

4.3.3 均匀流与非均匀流

同一流线上各质点的流速矢量沿程不变，流线簇彼此呈平行直线的流动，称为均匀流，否则为非均匀流。

均匀流的迁移加速度为 0，即 $u_x\dfrac{\partial u}{\partial x}+u_y\dfrac{\partial u}{\partial y}+u_z\dfrac{\partial u}{\partial z}=0$

非均匀流中有渐变流与急变流。流体质点的迁移加速度很小，或者说流线近于平行直线

的流动定义为渐变流，否则是急变流，如图 4-7 所示。

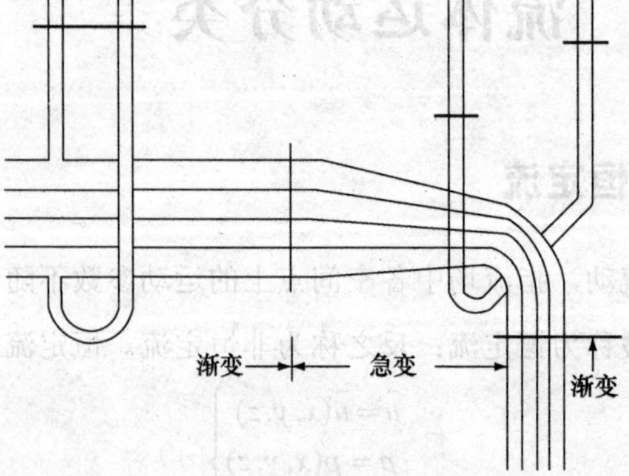

图 4-7 渐变流和急变流

显然，渐变流与均匀流相似，所以均匀流的性质，对于渐变流都近似成立。这些性质主要有以下几点。

（1）渐变流的过流断面近于平面，面上各点的速度方向近于平行，且过流断面的面积沿程不变。

（2）同一流线上各点的流速相等（不同流线则不一定相等），流速分布沿程不变，断面平均流速沿程不变，因此，均匀流是沿程没有加速度的流动。

（3）恒定渐变流过流断面上的动压强按静压强的规律分布，即同一断面上任一点的测压管水头为常数$\left(z+\dfrac{p}{\rho g}\right)$。

此外，渐变流没有准确的界定标准，流动是否按渐变流处理，以所得结果能否满足工程要求的精度而定。

4.3.4 有压流与无压流

如果流体充满整个管道的断面，而没有自由表面，这种管道称为有压管道，有压管道中的流体称为有压流。

一般来说，有压管道断面上各点承受的压强一般大于大气压强。此外，还要注意，管道的有压还是无压都是针对大气压强而言的。

如果管道内没有被流体充满，而存在自由表面，则管内自由表面压强为大气压强，这样的管道称为无压管道，无压管道中的流体称为无压流。

无压流是过水断面部分周界具有自由表面的流动，又称明渠流。

例 4-2 已知流场的速度分布为$u_x = x^2 y, u_y = -3y, u_z = 2z^2$，求点（1,2,3）处流体加速度。

解 $$a_x = \frac{\partial u_x}{\partial t} + \frac{\partial u_x}{\partial x}u_x + \frac{\partial u_x}{\partial y}u_y + \frac{\partial u_x}{\partial z}u_z = 2x^3y^2 - 3x^2y = 2$$

$$a_y = \frac{\partial u_y}{\partial t} + \frac{\partial u_y}{\partial x}u_x + \frac{\partial u_y}{\partial y}u_y + \frac{\partial u_y}{\partial z}u_z = 9y = 18$$

$$a_z = \frac{\partial u_z}{\partial t} + \frac{\partial u_z}{\partial x}u_x + \frac{\partial u_z}{\partial y}u_y + \frac{\partial u_z}{\partial z}u_z = 8z^3 = 216$$

$$a = \sqrt{a_x^2 + a_y^2 + a_z^2} = 216.76\ \mathrm{m/s^2}$$

例 4-3 已知速度场$\vec{u} = (4y-6x)t\vec{i} + (6y-9x)t\vec{j}$。求：①$t = 2\mathrm{s}$时，在（2,4）点的加速度是多少？②流动是恒定流还是非恒定流？③流动是均匀流还是非均匀流？

解 ① 计算在（2,4）点的加速度。

$$\begin{aligned} a_x &= \frac{\partial u_x}{\partial t} + \frac{\partial u_x}{\partial x}u_x + \frac{\partial u_x}{\partial y}u_y \\ &= (4y-6x) + (4y-6x)t(-6t) + (6y-9x)t(4t) \\ &= (4y-6x)(1-6t^2+6t^2) \\ &= 4y-6x \end{aligned}$$

$$\begin{aligned} a_y &= \frac{\partial u_y}{\partial t} + \frac{\partial u_y}{\partial x}u_x + \frac{\partial u_y}{\partial y}u_y \\ &= (6y-9x) + (4y-6x)t(-9t) + (6y-9x)t(6t) \\ &= (6y-9x)(1-6t^2+6t^2) \\ &= 6y-9x \end{aligned}$$

把$t = 2\mathrm{s}$，$x = 2$，$y = 2$代入上式

$$a_x = 4\mathrm{m/s^2}$$

$$a_y = 6\mathrm{m/s^2}$$

$$a = \sqrt{a_x^2 + a_y^2} = 7.21\mathrm{m/s^2}$$

② 判断该流动是恒定流还是非恒定流。

由于
$$\frac{\partial \vec{u}}{\partial t} = \frac{\partial u_x}{\partial t}\vec{i} + \frac{\partial u_y}{\partial t}\vec{j} = (4y-6x)\vec{i} + (6y-9x)\vec{j} \neq 0$$

显然，速度随时间变化，因此，该流动是非恒定流。

③ 判断该流动是均匀流还是非均匀流。

由于
$$(\vec{u}\cdot\nabla)\vec{u} = \left(\frac{\partial u_x}{\partial x}u_x + \frac{\partial u_x}{\partial y}u_y\right)\vec{i} + \left(\frac{\partial u_y}{\partial x}u_x + \frac{\partial u_y}{\partial y}u_y\right)\vec{j} = 0$$

显然，流动为非均匀流。

4.4 流体运动的连续性方程

连续性方程是流体运动学的基本方程，是质量守恒原理的流体力学表达式。流体被视为连续介质，流场中任一封闭曲面，在任一瞬时流进封闭曲面的流体质量与流出流体质量之差应等于封闭曲面内因密度变化而引起的质量变化，即流动必须遵循质量守恒定律。

4.4.1 连续性微分方程

在流场中取微小直角六面体空间为控制体，正交三个边长为 dx、dy、dz，分别平行于 x、y、z 轴，如图 4-8 所示。

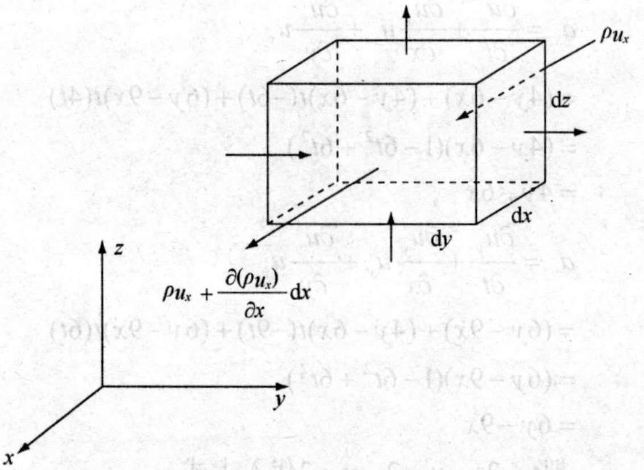

图 4-8 连续性微分方程

首先计算 dt 时间 x 方向流出和流入控制体质量差，即 x 方向净流出质量。

$$\Delta M_x = \left[\rho u_x + \frac{\partial \rho u_x}{\partial x}\mathrm{d}x\right]\mathrm{d}y\mathrm{d}z\mathrm{d}t - \rho u_x \mathrm{d}y\mathrm{d}z\mathrm{d}t$$

$$= \frac{\partial \rho u_x}{\partial x}\mathrm{d}x\mathrm{d}y\mathrm{d}z\mathrm{d}t$$

同理，y、z 方向净流出质量为

$$\Delta M_y = \frac{\partial \rho u_y}{\partial y}\mathrm{d}x\mathrm{d}y\mathrm{d}z\mathrm{d}t$$

$$\Delta M_z = \frac{\partial \rho u_z}{\partial z}\mathrm{d}x\mathrm{d}y\mathrm{d}z\mathrm{d}t$$

dt 时间控制体的总净流出质量为

$$\Delta M_x + \Delta M_y + \Delta M_z = \left[\frac{\partial(\rho u_x)}{\partial x} + \frac{\partial(\rho u_y)}{\partial y} + \frac{\partial(\rho u_z)}{\partial z}\right]\mathrm{d}x\mathrm{d}y\mathrm{d}z\mathrm{d}t$$

dt时间控制体的总净流出质量必等于控制体由于密度变化而减少的质量，即

$$\left[\frac{\partial(\rho u_x)}{\partial x}+\frac{\partial(\rho u_y)}{\partial y}+\frac{\partial(\rho u_z)}{\partial z}\right]\mathrm{d}x\mathrm{d}y\mathrm{d}z\mathrm{d}t=-\frac{\partial\rho}{\partial t}\mathrm{d}x\mathrm{d}y\mathrm{d}z\mathrm{d}t$$

$$\frac{\partial\rho}{\partial t}+\frac{\partial(\rho u_x)}{\partial x}+\frac{\partial(\rho u_y)}{\partial y}+\frac{\partial(\rho u_z)}{\partial z}=0 \tag{4-17}$$

式（4-17）为可压缩流体非恒定流的连续性微分方程。表达了任何可实现的流体运动所必须满足的连续性条件。其物理意义是：流体在单位时间流经单位体积空间时，流出与流进的质量差与其内部质量变化的代数和为零，即流体质量守恒。对于均匀不可压缩流体，ρ为常数，则

$$\frac{\partial u_x}{\partial x}+\frac{\partial u_y}{\partial y}+\frac{\partial u_z}{\partial z}=0 \tag{4-18}$$

式（4-18）为不可压缩流体的连续性微分方程。该式说明对于均匀不可压缩流体，单位时间流经单位体积空间，流出与流进的流体体积之差等于零，即流体体积守恒。

上述形式的连续性微分方程是1755年欧拉首先建立的，是质量守恒原理的流体力学表达式（微分形式），它是支配流体流动的基本微分方程式。

4.4.2 总流的连续性微分方程

设恒定总流，在总流上任取两个过流断面①、②，其面积和断面平均流速分别是A_1、A_2、v_1、v_2，密度为ρ_1、ρ_2。以该两过流断面及其间的总流侧表面所包围的空间作为控制体（图4-9中的虚线）。则流出控制体的质量流量为$\rho_2 v_2 A_2$，流入控制体的质量流量为$\rho_1 v_1 A_1$。因此，恒定流动中流出和流入控制体的质量流量可写成

$$\rho_2 v_2 A_2-\rho_1 v_1 A_1=0 \text{ 或 } \rho_2 v_2 A_2=\rho_1 v_1 A_1 \tag{4-19}$$

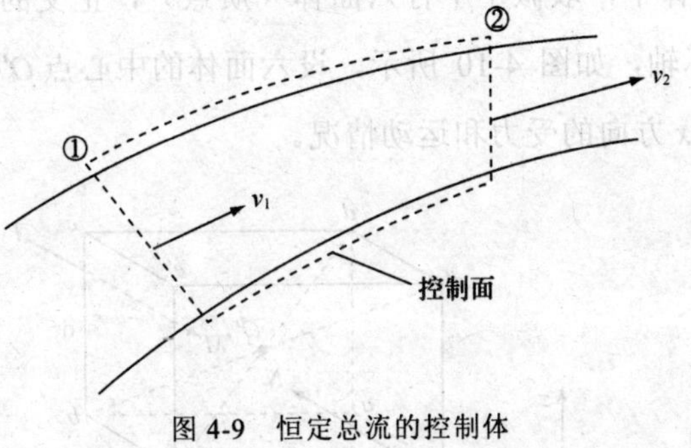

图4-9 恒定总流的控制体

这就是恒定流动条件下总流的连续性方程。它表明，在恒定流动中通过总流沿程和过流断面的质量流量都相等。

若流动不仅是恒定的，流体还是不可压缩的，式（4-19）中$\rho_1=\rho_2$，故有

$$v_1 A_1=v_2 A_2 \quad \text{或} \quad \frac{v_1}{v_2}=\frac{A_2}{A_1} \tag{4-20}$$

在不可压缩流体的恒定流动中，通过总流沿程各过流断面的体积流量都相等，因而总流任意两过流断面的平均流速与其面积成反比。

例4-4 设有两种均匀不可压缩的二元流动，流速为：① $u_x = 2x, u_y = -2y$；② $u_x = 0$, $u_y = 3xy$，检查流动是否满足连续条件。

解 代入连续性方程

① $\frac{\partial(2x)}{\partial x} + \frac{\partial(-2y)}{\partial y} = 2 - 2 = 0$，满足连续性条件。

② $\frac{\partial(0)}{\partial x} + \frac{\partial(3xy)}{\partial y} = 3x \neq 0$，不满足连续性条件，流动不存在。

例4-5 直径4.5cm的压气机进口断面上空气的密度为$1.2\,\text{kg/m}^3$，平均流速为5m/s。经过压缩后，在直径为2.5cm的圆管中以平均流速3m/s送出，求通过压气机的质量流量和出口断面的空气密度。

解 由进入管流入压气机的质量流量为$Q_m = \rho_1 v_1 A_1 = 1.2 \times 5 \times \frac{\pi \times 0.045^2}{4} = 9.5 \times 10^{-3}\,\text{kg/s}$

根据连续性方程，流出压气机与流入压气机的质量流量应该相等，故

$$\rho_2 = \frac{Q_m}{v_2 A_2} = \frac{9.5 \times 10^{-3}}{3 \times \frac{\pi \times 0.025^2}{4}} = 6.48\,\text{kg/m}^3$$

4.5 理想流体的运动微分方程

在运动的无黏性流体中，取微小平行六面体（质点），正交的三个边长为dx、dy、dz，分别平行于x, y, z坐标轴，如图4-10所示。设六面体的中心点$O'(x, y, z)$，速度$\vec{u}$，压强p，分析该微小六面体x方向的受力和运动情况。

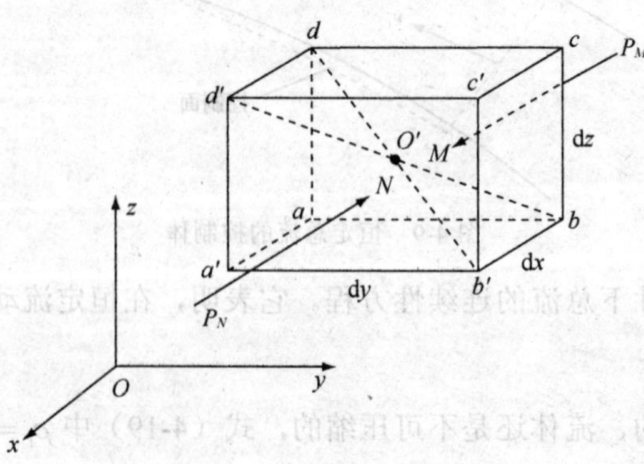

图4-10 理想流体微元

4.5.1 表面力与质量力

理想流体内不存在切应力，只有压强。x 方向受压面（$abcd$ 面和 $a'b'c'd$ 面）形心点的压强为

$$p_M = p - \frac{1}{2} \times \frac{\partial p}{\partial x} \mathrm{d}x$$

$$p_N = p + \frac{1}{2} \times \frac{\partial p}{\partial x} \mathrm{d}x$$

因为受压面非常微小，所以，p_M、p_N 可以作为所在平面的平均压强，故受压面上的压力为

$$P_M = p_M \mathrm{d}y\mathrm{d}z$$

$$P_N = p_N \mathrm{d}y\mathrm{d}z$$

作用于微元直角六面体 x 方向的质量力为

$$F_{Bx} = X\rho \mathrm{d}x\mathrm{d}y\mathrm{d}z$$

4.5.2 力平衡方程

由牛顿第二定律，在 x 轴方向上，作用于微元六面体上的表面力和质量力的代数和应等于微元六面体的质量与加速度的乘积。

$$\sum F_x = m\frac{\mathrm{d}u_x}{\mathrm{d}t}$$

则
$$\left[\left(p - \frac{1}{2} \times \frac{\partial p}{\partial x}\mathrm{d}x\right) - \left(p + \frac{1}{2} \times \frac{\partial p}{\partial x}\mathrm{d}x\right)\right]\mathrm{d}y\mathrm{d}z + X\rho \mathrm{d}x\mathrm{d}y\mathrm{d}z = \rho \mathrm{d}x\mathrm{d}y\mathrm{d}z\frac{\mathrm{d}u_x}{\mathrm{d}t}$$

化简得
$$X - \frac{1}{\rho} \times \frac{\partial p}{\partial x} = \frac{\mathrm{d}u_x}{\mathrm{d}t}$$

同理
$$Y - \frac{1}{\rho} \times \frac{\partial p}{\partial y} = \frac{\mathrm{d}u_y}{\mathrm{d}t}$$

$$Z - \frac{1}{\rho} \times \frac{\partial p}{\partial z} = \frac{\mathrm{d}u_z}{\mathrm{d}t}$$

将加速度项展开成欧拉法表示

$$\left.\begin{aligned}
X - \frac{1}{\rho} \times \frac{\partial p}{\partial x} &= \frac{\partial u_x}{\partial t} + u_x\frac{\partial u_x}{\partial x} + u_y\frac{\partial u_x}{\partial y} + u_z\frac{\partial u_x}{\partial z} \\
Y - \frac{1}{\rho} \times \frac{\partial p}{\partial y} &= \frac{\partial u_y}{\partial t} + u_x\frac{\partial u_y}{\partial x} + u_y\frac{\partial u_y}{\partial y} + u_z\frac{\partial u_y}{\partial z} \\
Z - \frac{1}{\rho} \times \frac{\partial p}{\partial z} &= \frac{\partial u_z}{\partial t} + u_x\frac{\partial u_z}{\partial x} + u_y\frac{\partial u_z}{\partial y} + u_z\frac{\partial u_z}{\partial z}
\end{aligned}\right\} \tag{4-21}$$

式（4-21）即理想流体运动微分方程式，又称欧拉运动微分方程式。该式是牛顿第二定

律的流体力学表达式，是控制理想流体运动的基本方程式。

对于恒定流，$\frac{\partial u_x}{\partial t}=\frac{\partial u_y}{\partial t}=\frac{\partial u_z}{\partial t}=0$，方程右侧保留迁移加速度三项。对于静止流体，$u_x=u_y=u_z=0$，欧拉运动微分方程退化为欧拉平衡微分方程。

4.6 恒定元流的能量方程

4.6.1 理想流体运动微分方程的伯努利积分

理想流体运动微分方程是非线性偏微分方程组，只有特定条件下的积分，其中最著名的是伯努利（Bernoulli）积分。

将

$$X-\frac{1}{\rho}\times\frac{\partial p}{\partial x}=\frac{\mathrm{d}u_x}{\mathrm{d}t} \tag{4-22}$$

$$Y-\frac{1}{\rho}\times\frac{\partial p}{\partial y}=\frac{\mathrm{d}u_y}{\mathrm{d}t} \tag{4-23}$$

$$Z-\frac{1}{\rho}\times\frac{\partial p}{\partial z}=\frac{\mathrm{d}u_z}{\mathrm{d}t} \tag{4-24}$$

各式分别乘以 $\mathrm{d}x$、$\mathrm{d}y$、$\mathrm{d}z$，并相加，得

$$\begin{aligned}X\mathrm{d}x+Y\mathrm{d}y+Z\mathrm{d}z-\frac{1}{\rho}\left(\frac{\partial \rho}{\partial x}\mathrm{d}x+\frac{\partial \rho}{\partial y}\mathrm{d}y+\frac{\partial \rho}{\partial z}\mathrm{d}z\right)\\=\frac{\mathrm{d}u_x}{\mathrm{d}t}\mathrm{d}x+\frac{\mathrm{d}u_y}{\mathrm{d}t}\mathrm{d}y+\frac{\mathrm{d}u_z}{\mathrm{d}t}\mathrm{d}z\end{aligned} \tag{4-25}$$

引入限定条件：

（1）作用在流体上的质量力只有重力，则

$$X=Y=0,\ Z=-g$$
$$X\mathrm{d}x+Y\mathrm{d}y+Z\mathrm{d}z=-g\mathrm{d}z$$

（2）不可压缩流体，恒定流动，则

$$\rho=\text{常数},\quad p=p(x,\ y,\ z)$$

则
$$\frac{1}{\rho}\left(\frac{\partial p}{\partial x}\mathrm{d}x+\frac{\partial p}{\partial y}\mathrm{d}y+\frac{\partial p}{\partial z}\mathrm{d}z\right)=\frac{1}{\rho}\mathrm{d}p=\mathrm{d}\left(\frac{p}{\rho}\right)$$

（3）恒定流，流线与迹线重合，则

$$\mathrm{d}x=u_x\mathrm{d}t\quad \mathrm{d}y=u_y\mathrm{d}t\quad \mathrm{d}z=u_z\mathrm{d}t \tag{4-26}$$

$$\frac{\mathrm{d}u_x}{\mathrm{d}t}\mathrm{d}x+\frac{\mathrm{d}u_y}{\mathrm{d}t}\mathrm{d}y+\frac{\mathrm{d}u_z}{\mathrm{d}t}\mathrm{d}z=\mathrm{d}\left(\frac{u_x^2+u_y^2+u_z^2}{2}\right)=\mathrm{d}\left(\frac{u^2}{2}\right) \tag{4-27}$$

将上面各式代入式（4-25），积分得

$$\left.\begin{aligned} -gz-\frac{p}{\rho}-\frac{u^2}{2}&=C' \\ z+\frac{p}{\rho g}+\frac{u^2}{2g}&=C \end{aligned}\right\} \tag{4-28}$$

或
$$z_1+\frac{p_1}{\rho g}+\frac{u_1^2}{2g}=z_2+\frac{p_2}{\rho g}+\frac{u_2^2}{2g} \tag{4-29}$$

也有采用符号 $\gamma=\rho g$，代表单位体积流体的重量，则式（4-28）表示为：

$$z+\frac{p}{\gamma}+\frac{u^2}{2g}=C$$

上述理想流体运动微分方程沿流线的积分称为伯努利积分，所得式（4-28）或式（4-29）称为伯努利方程。

由于元流的过流断面积无限小，所以沿流线的伯努利方程就是元流的伯努利方程。推导该方程引入的限定条件，就是理想流体元流伯努利方程的应用条件。归纳起来有：理想流体；恒定流动；质量力中只有重力；沿元流（流线）；不可压缩流体。

4.6.2 伯努利方程的物理意义和几何意义

1．物理意义

伯努利方程每一项都表示单位重量流体所具有的能量，所以，该方程的物理意义也就是它的能量意义。式（4-28）中各项的物理意义如下。

z 表示单位重量流体从某一基准面算起所具有的位置势能，简称单位位能。

$\frac{p}{\rho g}$ 表示单位重量流体相对于以大气压强为基准所具有的压强势能，简称单位压能。由于流体压强的存在，可以使流体上升至一定高度，故称为压强势能。流体的压强实质是一种潜在能量。

$z+\frac{p}{\rho g}$ 则反映了单位重量流体所具有的总势能。

$\frac{u^2}{2g}$ 是单位重量流体具有的动能。

三项之和 $z+\frac{p}{\rho g}+\frac{u^2}{2g}$ 是单位重量流体具有的机械能。

式（4-28）则表明，元流从一个断面到另一个断面的过程中，其断面上各项单位能量在一定条件下可以相互转化。但是，前一过流断面的总机械能应和后一断面的总机械能相等，即元流各过流断面上单位重量流体所具有的总机械能沿程保持不变，它反映了能量既守恒又转化的关系。

2．几何意义

伯努利方程中每一项都具有长度量纲，因此，该方程中每一项的几何意义都表示单位重量流体所具有的高度，在流体力学中称为水头。

式（4-28）各项的几何意义如下。

z 表示研究点相对某一基准面的位置高度，故称为位置水头。

$\frac{p}{\rho g}$ 表示与所研究点处压强大小相当的液柱高度，故称为压强水头。

两项之和 $H_{\mathrm{p}}=z+\frac{p}{\rho g}$ 等于测点处测压管的液面高度，故称为测压管水头。

$\frac{u^2}{2g}$ 表示与研究点处流速大小相当的液面高度，故称为流速水头。

三项之和 $H_{\mathrm{p}}=z+\frac{p}{\rho g}+\frac{u^2}{2g}$ 表示测点处的总水头。

式（4-28）表明，元流从一断面流到另一断面的过程中，总水头线 H 沿程不变，故总水头线是一水平线，如图 4-11 所示。同时，其他水头之间可以相互转化。

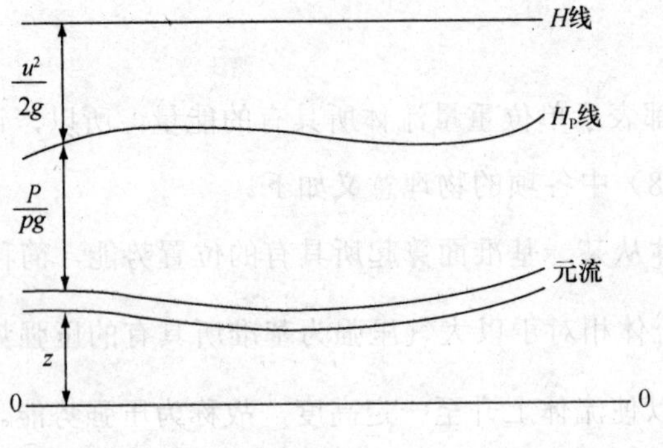

图 4-11 水头线

4.6.3 元流伯努利方程的应用——毕托管

以毕托管（Pitot Tube）为例，说明元流能量方程的应用。毕托管是广泛用于量测水流和气流点流速的一种仪器，如图 4-12 所示。管前端开口 a 正对水流或气流。a 端内部有流体通路与上部 a' 端相通。管侧有多个孔口 b，b 端内部也有流体通路与上部 b' 相通。

当测定水流时，a'、b' 两管水面差 Δh 即反映 a、b 两处压差。当测定气流时，a'、b' 两端接液柱差压计，以测定 a、b 两处的压差。

测量时，由于测速管的阻滞，a 点处的速度为 0，动能全部转化为压能，从而推动测速

管中液面升高 $\frac{p_a}{\rho g}$。对于 b 点而言，其压强水头 $\frac{p_b}{\rho g}$ 由另一根测压管测量。速度为 0 处的端点（a）称为驻点或滞止点，该点压强称为驻点压强。

由于 a、b 点相距很近，故其位置水头 z 相等，即 $z_a = z_b$。因此，沿 ab 流线写元流能量方程为 $\frac{p_a}{\rho g}+0=\frac{p_b}{\rho g}+\frac{u^2}{2g}$，则 $u=\sqrt{2g\frac{p_a-p_b}{\rho g}}$。因 $\frac{p_a-p_b}{\rho g}$ 为 a' 和 b' 两管水面差 Δh，则点流速 $u=\sqrt{2g\Delta h}$。

考虑到黏性流体从迎流孔至顺流孔存在黏性效应，以及毕托管对源流场的干扰等因素，可以引入修正系数 φ，于是

$$u=\varphi\sqrt{2g\Delta h} \tag{4-30}$$

式中，φ——经实验校正的流速系数，与管的构造和加工情况有关，其值近似等于 1。

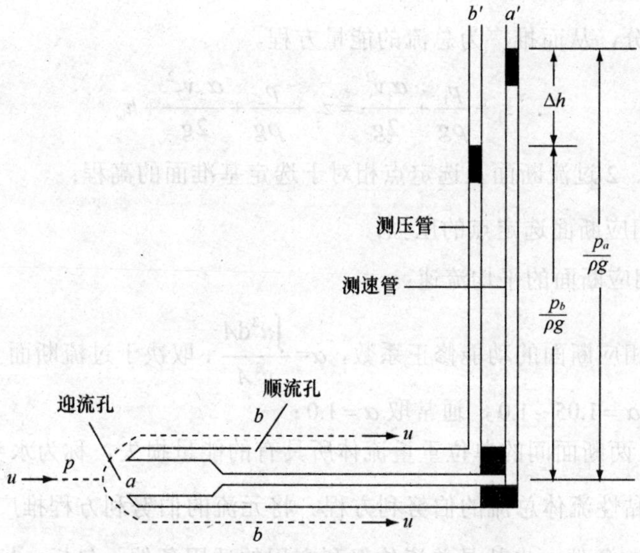

图 4-12 毕托管

4.6.4 黏性流体元流的伯努利方程

实际流体具有黏性，运动时产生流动阻力，克服阻力做功，使流体的一部分机械能不可逆地转化为热能而散失。因此，黏性流体流动时，单位重量流体具有的机械能沿程不是守恒而是减少，总水头线是沿程下降线的。

人们从大量经验事实中，总结出一个重要结论，能量可以从一种形式转换成另一种形式，但不能创造，也不能消灭，总能量是恒定的，这就是能量守恒原理。因此，设 h_w' 为黏性流体

元流单位重量流体由过流断面 1-1 运动至过流断面 2-2 的机械能损失，称为元流的水头损失。根据能量守恒原理，可得到黏性流利元流的伯努利方程

$$\frac{p_1}{\rho g}+z_1+\frac{u_1^2}{2g}=\frac{p_2}{\rho g}+z_2+\frac{u_2^2}{2g}+h'_{\mathrm{w}} \tag{4-31}$$

式中，水头损失 h'_{w} 是具有长度的量纲。

4.7 恒定总流的能量方程

4.7.1 黏性流体恒定总流的能量方程

工程实际上，流动一般都是总流。应用能量方程解决实际问题，必须把元流的能量方程对总流过流断面积分，从而推广为总流的能量方程。

$$z_1+\frac{p_1}{\rho g}+\frac{\alpha_1 v_1^2}{2g}=z_2+\frac{p_2}{\rho g}+\frac{\alpha_2 v_2{}^2}{2g}+h_{\mathrm{w}} \tag{4-32}$$

式中，z_1，z_2——1、2 过流断面上选定点相对于选定基准面的高程；

p_1，p_2——相应断面选定点的压强；

v_1，v_2——相应断面的平均流速；

α_1，α_2——相应断面的动能修正系数，$\alpha=\frac{\int u^3 \mathrm{d}A}{v^3 A}$，取决于过流断面上速度的分布情况，分布较均匀的流动 $\alpha=1.05\sim1.0$，通常取 $\alpha=1.0$；

h_{w}——1、2 两断面间的单位重量流体所具有的能量损失，称为水头损失。

式（4-32）即黏性流体总流的伯努利方程。将元流的伯努利方程推广为总流的伯努利方程，引入了某些限制条件，也就是总流伯努利方程的适用条件。包括：恒定流动；质量力只有重力；不可压缩流体（以上引自黏性流体元流的伯努利方程）；所取过流断面为渐变流断面；两断面间无分流和汇流。

4.7.2 有能量输入或输出的伯努利方程

总流伯努利方程式（4-32）是在两过流断面间除水头损失之外，再无能量输入或输出的条件下导出的。当两过流断面间有水泵、风机或水轮机等流体机械时，存在能量的输入或输出。

此种情况，根据能量守恒的原理，在式（4-32）中，计入单位重量流体经流体机械获得或失去的机械能，便扩展为有能量输入或输出的伯努利方程式

$$z_1+\frac{p_1}{\rho g}+\frac{\alpha_1 v_1{}^2}{2g}\pm H_m=z_2+\frac{p_2}{\rho g}+\frac{\alpha_2 v_2{}^2}{2g}+h_w \tag{4-33}$$

式中　$+H_m$——单位重量流体流过流体机械（如水泵）获得的机械能，又称为水泵的扬程；

$-H_m$——单位重量流体给予流体机械（水轮机）的机械能，又称为水轮机的作用水头。

4.7.3 两断面间有分流或汇流的伯努利方程

总流的伯努利方程式（4-32），是在两过流断面间无分流和汇流的条件下导出的，而实际的供水、供气管道、沿程大多都有分流和汇流。

对于两断面间有分流的流动(图 4-13)，设想 1-1 断面的来流，分为两股(以虚线划分)，分别通过 2-2、3-3 断面。对 1′-1′（1-1 断面中的一部分）和 2-2 断面列伯努利方程，其间无分流 $z_1'+\frac{p_1'}{\rho g}+\frac{v_1'^2}{2g}=z_2+\frac{p_2}{\rho g}+\frac{v_2^2}{2g}+h_{w1'-2}$。

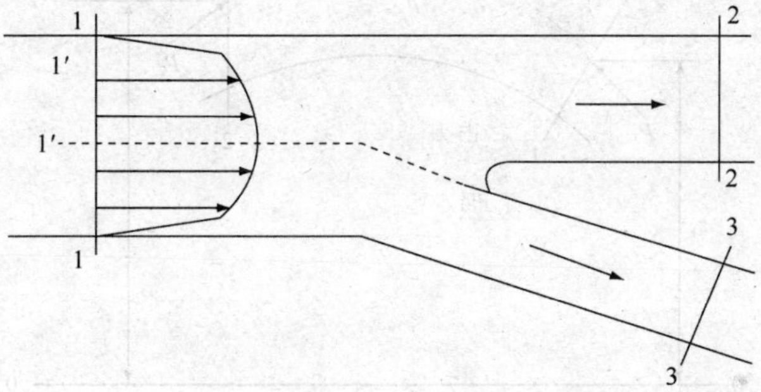

图 4-13　沿程分流

因 1-1 断面为渐变流断面，面上各点的势能相等，则

$$z_1'+\frac{p_1'}{\rho g}=z_1+\frac{p_1}{\rho g}$$

如 1-1 断面流速分布较为均匀，则$\frac{v_1'^2}{2g}\approx\frac{v_1^2}{2g}$。

于是 $z_1'+\frac{p_1'}{\rho g}+\frac{v_1'^2}{2g}\approx z_1+\frac{p_1}{\rho g}+\frac{v_1{}^2}{2g}$。

故 $z_1+\frac{p_1}{\rho g}+\frac{v_1^2}{2g}=z_2+\frac{p_2}{\rho g}+\frac{v_2^2}{2g}+h_{w1-2}$ 近似成立。

同理

$$z_1+\frac{p_1}{\rho g}+\frac{v_1^2}{2g}=z_3+\frac{p_3}{\rho g}+\frac{v_3^2}{2g}+h_{w1-3}$$

可见，两断面间虽有流出或流入流量，但写总流量能量方程时，只考虑断面间各支流的能量损失，而不考虑流出或流入流量的能量损失。

4.7.4 气体的伯努利方程

总流的伯努利方程式（4-32）是对不可压缩流体导出的。气体是可压缩流体，但对于流速不是很大、压强变化不大的系统，如工业通风管道、烟道等，气流在运动过程中密度变化很小，在这样的条件下，伯努利方程仍可用于气流。由于气流的密度同外部空气的密度是相同的数量级，在用相对压强进行计算时，需要考虑外部大气压在不同高度的差值。

设恒定气流（见图 4-14），气流密度为 ρ，外部空气的密度为 ρ_a，过流断面上计算点的绝对压强为 p_{1abs}、p_{2abs}。

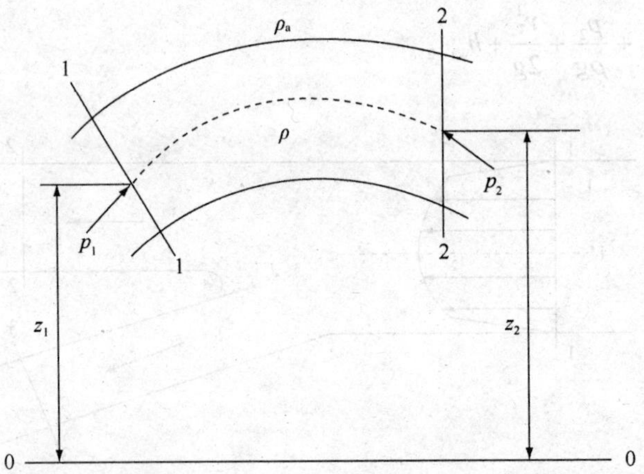

图 4-14　恒定气流

列 1-1 和 2-2 断面的伯努利方程

$$z_1+\frac{p_{1abs}}{\rho g}+\frac{\alpha_2 v_2^2}{2g}=z_2+\frac{p_{2abs}}{\rho g}+\frac{\alpha_2 v_2^2}{2g}+h_w \tag{4-34}$$

进行气流计算，通常把式（4-34）表示为压强的形式，即

$$p_{1abs}+\rho g z_1+\frac{\rho v_1^2}{2}=p_{2abs}+\rho g z_2+\frac{\rho v_2^2}{2}+p_w \tag{4-35}$$

$$\alpha_1=\alpha_2=1$$

式中，p_w——压强损失，$p_w=\rho g h_w$。

将式（4-35）中的压强用相对压强 p_1、p_2 表示，则

$$\left.\begin{aligned} p_{1abs}&=p_{a1}+p_1,\\ p_{2abs}&=p_{a2}+p_2,\end{aligned}\right\} \tag{4-36}$$

又有

$$p_{a2}=p_{a1}+\rho_a g(z_2-z_1) \tag{4-37}$$

将 p_{1abs}、p_{2abs} 代入方程：$p_{1abs}+\rho g z_1+\frac{\rho {v_1}^2}{z}=p_{2abs}+\rho g z_2+\frac{\rho {v_2}^2}{z}+P_w \quad a_1=a_2=1$

式中 p_a——高程 z_1 处的大气压，$p_a-\rho_a g(z_2-z_1)$——高程 z_2 处的大气压。

代入（4-35），整理得

$$p_1+\frac{\rho v_1^2}{2}+(\rho_a-\rho)g\left(z_2-z_1\right)=p_2+\frac{\rho v_2^2}{2}+p_w \tag{4-38}$$

式中，p_1，p_2——静压；

$\frac{\rho {v_1}^2}{2}$、$\frac{\rho {v_2}^2}{2}$——动压；

$(\rho_a-\rho)g$——单位体积气体所受有效浮力；

z_2-z_1——气体沿浮力方向上升高的距离；

$(\rho_a-\rho)g(z_2-z_1)$——1-1 断面相对于 2-2 断面单位面积气体的位能，称为位压。式（4-38）就是以相对压强计算的气流伯努利方程。

4.8 恒定总流的动量方程

总流的动量方程是连续性方程、伯努利方程之后的第三个积分形式基本方程，下面根据动量原理，推导总流的动量方程。

4.8.1 动量守恒及动量简介

流体运动必须遵守质量守恒和能量守恒普遍规律外，还必须遵守动量守恒原理。如果一个系统不受外力或所受外力的矢量和为零，那么这个系统的总动量保持不变，这个结论叫做动量守恒定律。

4.8.2 恒定总流的动量方程推导

设恒定总流，取过流断面 1-1、2-2 为渐变流断面，面积为 A_1、A_2，以过流断面及总流的侧表面围成的空间为控制体(见图 4-15)。控制体内的流体，经过 dt 时间，由 1-2 运动到 1′-2′位置。

用断面平均流速 v 代替 u，所造成的误差用动量修正系数 β 来修正，β 值取决于过流断面上的速度分布，速度分布较均匀的流动，$\beta=1.022\sim1.05$，通常取 $\beta=1.0$。

$$\beta=\frac{\int_A u^2 \mathrm{d}A}{Av^2}$$

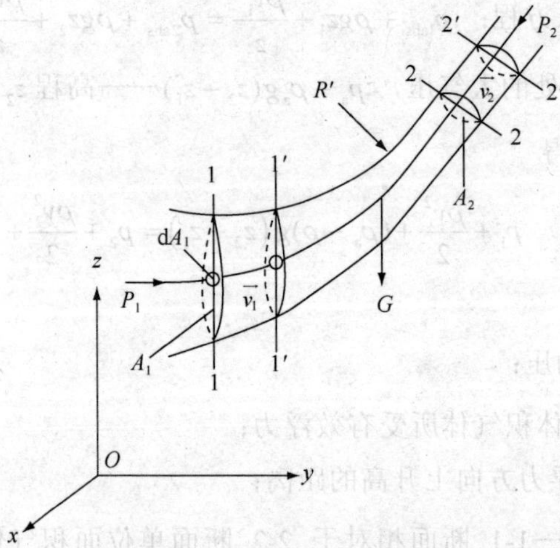

图 4-15 总流动量方程推导

对于不可压缩流体有 $\rho_1=\rho_2=\rho$，则流过控制体的动量变化为

$$\mathrm{d}K=\rho Q\left(\beta_2 v_2-\beta_1 v_1\right)\mathrm{d}t$$

由动量定理可知，质点系动量的增量等于作用于该质点系上的外力的冲量

$$\sum \vec{F}\mathrm{d}t=\mathrm{d}\left(m\vec{v}\right)$$

可得

$$\sum F\mathrm{d}t == \rho \mathrm{d}tQ(\beta_2\vec{v}_2-\beta_1\vec{v}_1) \tag{4-39}$$

$$\sum F == \rho Q(\beta_2\vec{v}_2-\beta_1\vec{v}_1)$$

$$\left.\begin{aligned}\sum F_x &== \rho Q(\beta_2\vec{v}_{2x}-\beta_1\vec{v}_{1x})\\ \sum F_y &== \rho Q(\beta_2\vec{v}_{2y}-\beta_1\vec{v}_{1y})\\ \sum F_z &== \rho Q(\beta_2\vec{v}_{2z}-\beta_1\vec{v}_{1z})\end{aligned}\right. \tag{4-40}$$

式（4-39）就是恒定总流的动量方程。方程表明，作用于控制体内流体上的外力，等于控制体流出的动量。综合推导式(4-39)规定的条件，总流动量方程的应用条件有：恒定流；过流断面为渐变流断面；不可压缩流体。

总流动量方程是动量原理的总流表达式，方程给出了总流动量变化与作用力之间的关系。根据这一点，求总流与边界面之间的相互作用力问题，以及因水头损失难以确定、运用伯努利方程受到限制的问题，适用于动量方程求解。

例 4-6 有一根水平放置于混凝土支座上的变直径弯管（见图 4-16），弯管两端与等直径直管相接处的断面 1-1 上压力表读数为 $p_1=17.6\mathrm{N/cm^2}$，管中流量 $Q=100\mathrm{L/s}$，若管径 $d_1=300\mathrm{mm}$，$d_2=200\mathrm{mm}$，转角 $\theta=60^\circ$。求水流对弯管作用力 F 的大小。

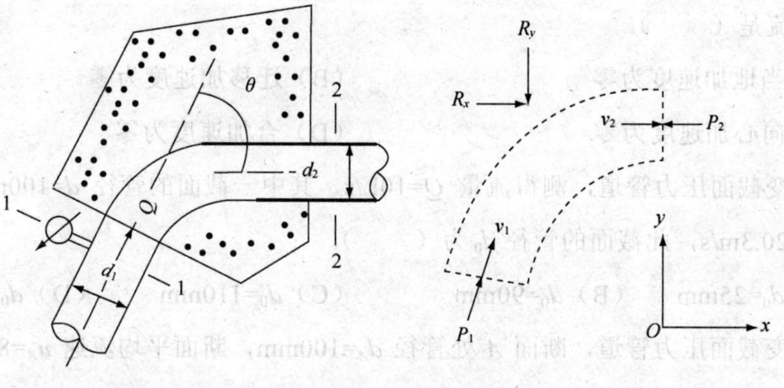

图 4-16 变直径弯管

解 根据连续性方程得 $$v_1=\frac{Q}{A_1}=\frac{100\times10^{-3}}{\frac{\pi}{4}\times0.3^2}=1.42\text{m/s}$$

$$v_2=\frac{Q}{A_2}=\frac{100\times10^{-3}}{\frac{\pi}{4}\times0.2^2}=3.18\text{m/s}$$

取管内水流为研究对象，列动量方程：

$$P_1\cos\theta-P_2+R_x=\alpha_0\rho Q(v_2-v_1\cos\theta)$$
$$P_1\sin\theta-R_y=\alpha_0\rho Q(0-v_1\sin\theta)$$

式中，$P_1=p_1A_1=12.43\text{kN}$

列能量方程：

$$p_2=p_1+\gamma\left(\frac{v_1^{\ 2}-v_2^{\ 2}}{2g}\right)=172\text{kN/m}^2$$
$$P_2=p_2A_2=5.4\text{kN}$$

解 $R_x=-0.568\text{kN},R_y=10.88\text{kN}$

$$R=\sqrt{R_x^{\ 2}+R_y^{\ 2}}=10.89\text{kN}$$

由上可知，水流对弯管的作用力 F 与 R 大小相等，方向相反。

习题

一、选择题

1．所谓流线，是指（　　）。

（A）流域的边界线

（B）同一流体质点在不同瞬时所经过的空间曲线

（C）不同流体质点在不同瞬时所经过的空间曲线

（D）不同流体质点在同一瞬时的速度方向所连成的空间曲线

2．恒定流是（　　）。

（A）当地加速度为零　　（B）迁移加速度为零

（C）向心加速度为零　　（D）合加速度为零

3．有一变截面压力管道，测得流量 Q=10L/s，其中一截面的管径 d=100mm，另一截面处的速度 v_0=20.3m/s，此截面的管径 d_0 为（　　）。

（A）d_0=25mm　（B）d_0=90mm　（C）d_0=110mm　（D）d_0=120mm

4．有一变截面压力管道，断面 A 处管径 d_A=100mm，断面平均流速 u_A=8.1m/s；断面 B 处平均流速 v_B=10m/s，则断面 B 处管径为（　　）。

（A）d_B=80mm　（B）d_B=90mm　（C）d_B=110mm　（D）d_B=120mm

5．如图 4-17 所示，水从水箱流经直径分别为 d_1=10cm，d_2=5cm 和 d_3=2.5cm 的管道流入大气中，当出口流速为 10m/s 时，d_1、d_2 管段流速 v_1、v_2 分别为（　　）。

（A）40m/s，20m/s　　（B）2.5m/s，5.0m/s

（C）16m/s，4m/s　　（D）0.625m/s，2.5m/s

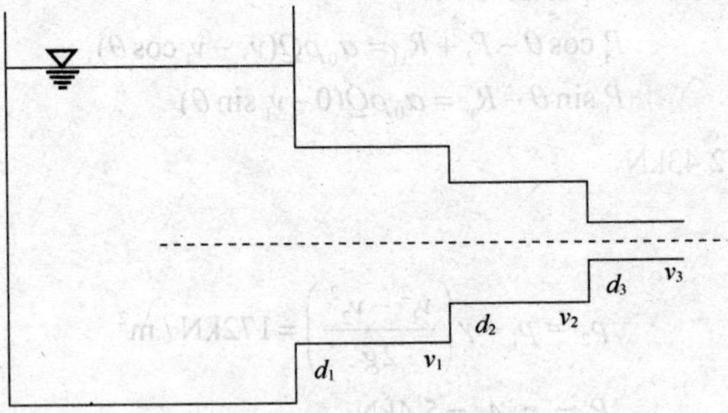

图 4-17　选择题 5 示意图

6．如图 4-18 所示，通过渐缩管流出，若容器水位保持不变，则管内水流属（　　）。

（A）恒定均匀流　　（B）非恒定均匀流

（C）恒定非均匀流　　（D）非恒定非均匀流

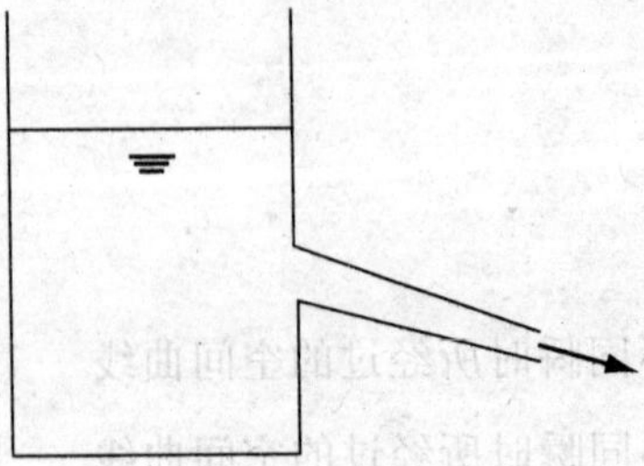

图 4-18　选择题 6 示意图

7. 空气以平均流速 v_0=2m/s 流入断面积为 0.4×0.4m^2 的送风管，而后经过四个断面积为 0.1×0.1m^2 的排气孔流出，如若每孔流速相等，则排气孔平均流速为（　　）。

（A）1m/s　　（B）2m/s　　（C）4m/s　　（D）8m/s

8. 直径为 d_1=0.2m 的圆管，突扩至直径为 d_2=0.3m 的圆管，若管中流量 Q=0.3m^3/s，则各管流速 v_1 和 v_2 分别为（　　）。

（A）2.39m/s，1.06m/s　　（B）9.55m/s，4.24m/s

（C）4.25m/s，9.55m/s　　（D）1.06m/s，2.39m/s

9. 黏性流体总流的总能头线是（　　）。

（A）沿程下降的曲线　　（B）水平线

（C）沿程上升的曲线　　（D）测压管水头线

10. 如图 4-19 所示，变截面圆管流动两断面①、②，其中 $p_1>p_2$，$v_1>v_2$，$z_2>z_1$，下述说法正确的是（　　）。

（A）因为 $p_1>p_2$，所以流动方向由①→②

（B）因为 $v_1>v_2$，所以流动方向由①→②

（C）因为 $z_2>z_1$，所以流动方向由②→②

（D）上述三种判断均不对

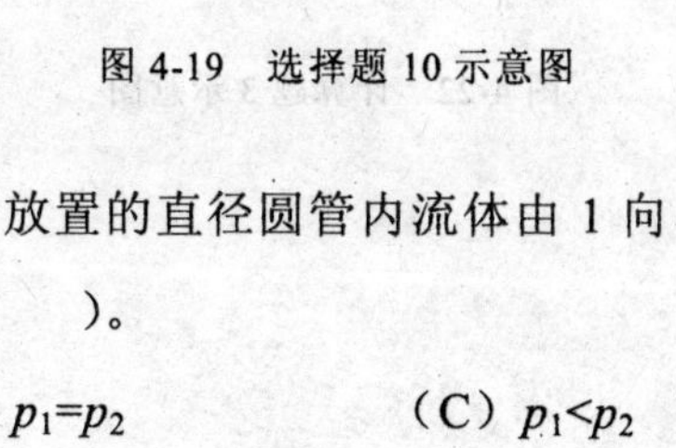

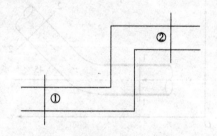

图 4-19　选择题 10 示意图

11. 如图 4-20 所示，水平放置的直径圆管内流体由 1 向 2 流动，1、2 上压强分别表示为 p_1、p_2，则它们的关系为（　　）。

（A）$p_1>p_2$　　（B）$p_1=p_2$　　（C）$p_1<p_2$　　（D）不确定

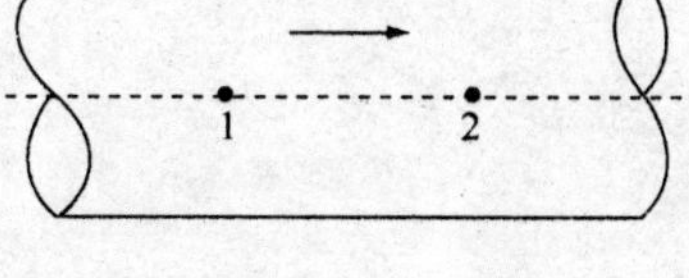

图 4-20　选择题 11 示意图

二、计算题

1．已知速度场 $u_x = xy^2$，$u_y = -\frac{1}{3}y^3$，$u_z = xy$，试求：①点（1，2，3）的加速度？②是几维流动？③是恒定流还是非恒定流？④是均匀流还是非均匀流？

2．如图 4-21 所示，输水管道经三通管分流，已知管径 $d_1=d_2=200$mm，$d_3=100$mm，断面平均流速 $v_1=3$m/s，$v_2=2$m/s，试求断面平均流速 v_3。

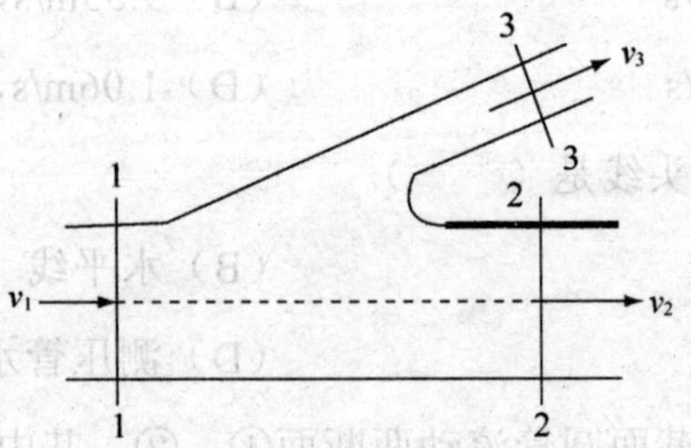

图 4-21 计算题 2 示意图

3．如图 4-22 所示，一段水平放置的等截面弯管，直径 $d = 200$mm，弯角为 45°，管中 1-1 断面的平均流速 $v_1 = 4\text{m/s}$，其形心处的相对压强 p_1 为 1 个工程大气压。若不计管流的水头损失，求水流对弯管的作用力 R_x 与 R_y。

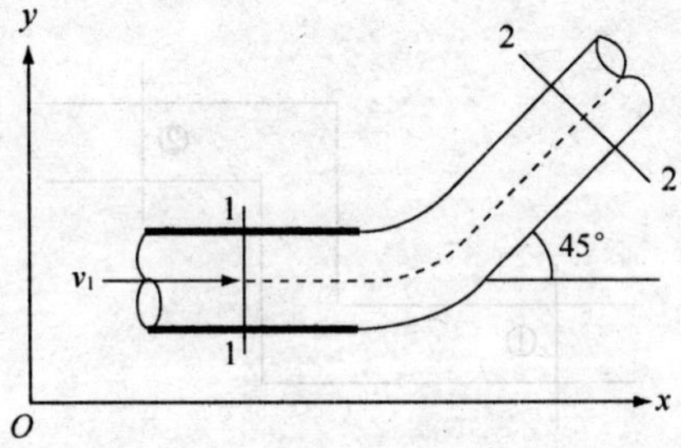

图 4-22 计算题 3 示意图

第5章 流体阻力和能量损失

实际流体都具有黏性，流体流动会引起阻力，阻力做功形成能量损失。流体的能量损失不仅与流体的流动路径有关，而且与流体的流动状态有关。流体的能量损失有沿程损失和局部损失两种形式。

5.1 流体流动的流态和边界层

5.1.1 层流和湍流

1883 年，英国物理学家雷诺（Reynolds）通过著名的雷诺实验，发现了流体运动有层流和紊流两种性质不同的流动状态。其内在结构有很大差别，从而各自的速度分布和阻力规律不同。流体的流动状态简称流态。

黏性流体存在两种完全不同的流态：层流状态和湍流状态。为了说明这两种状态的差异，雷诺经过实验对圆管内的流动状态进行了观察。研究发现，沿程水头损失和流速有一定关系。流速较小时，水头损失和流速成一次方关系；流速较大时，水头损失和流速成平方关系。

1．两种流态

雷诺实验的装置如图 5-1 所示。由水箱引出玻璃管 A，末端装有阀门 B，在水箱上部的容器 C 中装有密度和水接近的颜色水，打开阀门 D，颜色水就可经针管 E 注入 A 管中。

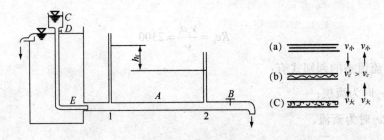

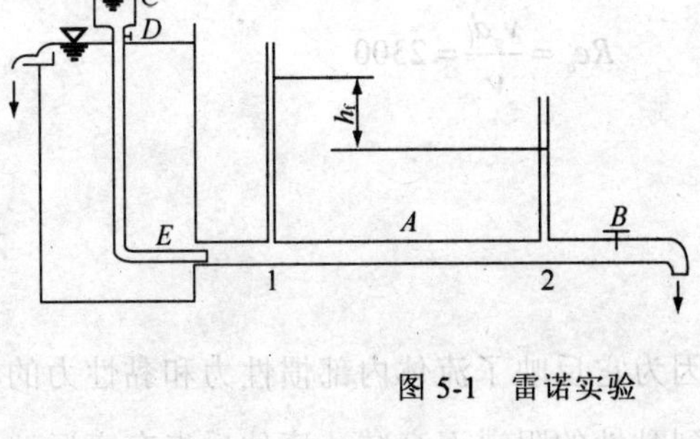

图 5-1　雷诺实验

实验时保持水箱内水位恒定，稍许开启阀门 B，使玻璃管内保持较低流速。再打开阀门 D，颜色水经针管 E 流出。这时可见玻璃管内的颜色水成一条界限分明的纤流，与周围清水不相混合。表明玻璃管中的水，一层套着一层呈层状流动，各层质点互不掺混，这种流动状态称为层流。逐渐开大阀门 B，玻璃管内流速增大到某一临界值 v_c' 时，颜色水纤流出现抖动。再开大阀门 B，颜色水纤流破散并与周围清水混合，使玻璃管的整个断面都带有颜色。表明此时质点的运动轨迹极不规则，各层质点相互掺混，这种流动状态称为湍流。

将以上实验按相反顺序进行，先开大阀门 B，使玻璃管内为湍流，然后逐渐关小阀门 B，则按相反顺序重演前面实验中发生的现象。只是由湍流转变为层流的流速 v_c 小于由层流转变为湍流的流速 v_c'。

流态转变的流速分别称为上临界流速 v_c' 和下临界流速 v_c。实验发现，上临界流速 v_c' 是不稳定的，受起始扰动的影响很大。在水箱水位恒定、管道入口平顺、管壁光滑、阀门开启轻缓的条件下，v_c' 可比 v_c 大许多。下临界流速 v_c 是稳定的，不受起始扰动的影响，对任何起始湍流，当流速 v 小于 v_c' 值，只要管道足够长，流动终将发展为层流。实际流动中，扰动难以避免，因此，把下临界流速 v_c 作为流态转变的临界流速。当 $v<v_c$ 时，流动是层流；当 $v>v_c$ 时，流动是湍流。

2．流态判别标准

临界流速。实验发现：临界流速 v_c 与管径 d、流体密度 ρ 和流体动力黏性系数 μ 有关。用无因次数 Re 表示，则

$$Re=\frac{\rho vd}{\mu}=\frac{vd}{\nu} \tag{5-1}$$

式中 ν——运动黏性系数；

Re——雷诺数。

当 $v=v_c$ 时，$Re=Re_c$。Re_c 称为临界雷诺数。实验表明，尽管不同条件下的临界流速 v_c 不同，但对于不同管径和不同运动黏滞系数的牛顿流体，临界雷诺数 Re_c 是相同的，其值约为 2300，即

$$Re_c=\frac{v_c d}{\nu}=2300 \tag{5-2}$$

工程上管流流态的判别式有：

当 $Re<Re_c$ 时为流层；

当 $Re\geqslant Re_c$ 时为紊流。

雷诺数之所以能判别流态，是因为它反映了流体内部惯性力和黏性力的相互作用关系。当黏性力起主导作用时，扰动就受到黏性的阻滞而衰减，流体质点有序运动，流体呈层流流

态。当惯性力起主导作用时，黏性的稳定作用无法使扰动衰减下来，流体质点无序随机运动，发展为湍流流态。雷诺数所反映的正是惯性力与黏性力的比例关系。

例 5-1 水温为 T=15℃、管径为 20mm 的管流，平均流速为 80cm/s。试确定管中水流流态，并求水流流态转变时的临界流速。

解 已知水温 T=15℃，水的运动黏滞系数 $\nu=0.0114\ \text{cm}^2/\text{s}$，则水流雷诺数为

$$Re=\frac{vd}{\nu}=\frac{8\times 2}{0.0114}=1403<2300\ \text{（流层）}$$

依据临界雷诺数计算临界流速

$$v_c=\frac{Re_c\nu}{d}=\frac{2300\times 0.0114}{2}=13.11\text{cm/s}$$

当 v_c 增大到 13.11cm/s 以上时，水流流态由层流转变为湍流。

例 5-2 某户内煤气管道，用具前支管管径 $d=15\text{mm}$，煤气流量 $Q_V=2\text{m}^3/\text{h}$，煤气的运动黏度 $\nu=26.3\times10^{-6}\ \text{m}^2/\text{s}$。试判别该煤气支管内的流态。

解 管内煤气流速

$$v=\frac{Q_V}{A}=\frac{\dfrac{2}{3600}}{\dfrac{\pi}{4}\times 0.015^2}=3.15\text{m/s}$$

雷诺数为

$$Re=\frac{vd}{\nu}=\frac{3.15\times 0.015}{26.3\times10^{-6}}=1797<2300$$

故管中为层流，这说明某些户内管流也可能出现层流状态。

5.1.2 边界层的基本概念

1．边界层

1904 年，德国科学家普朗特（Prandtl）提出了边界层的概念，认为在固体物面上流体质点的运动速度为零，而离开物面的流体运动速度急剧增加，迅速接近未受物面扰动时的流速，在物面附近形成速度梯度大、黏滞作用不可忽略的流动区域，此流动区域内称为边界层。区域以外的流动，视为不受物面扰动的影响，黏性力忽略不计，按理想流体的势流流动处理，区域以外的流动称为势流区。边界层外缘的流体速度为 $0.99U_0$。U_0 为势流区流速，如图 5-2 所示。

在平板物面的摩擦阻力作用下，流经平板上的流体形成平板物面附近的边界层，边界层的厚度沿平板的长度增加。在边界层内，从平板迎流面的端点开始，为层流边界层；随后，当到达某一区域，层流与湍流随机转换复杂多变，形成过渡区边界层；在过渡区之后，流动

发展为湍流边界层；湍流边界层中，在物面附近有一层极薄的黏性底层。

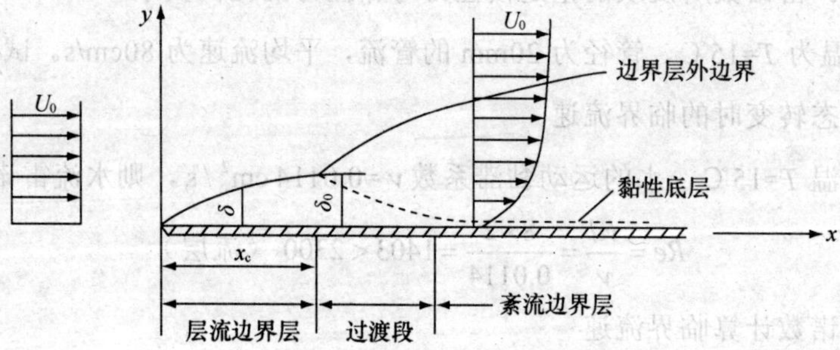

图 5-2　平板边界层

过渡区长度相对整个边界层而言很短，可以将其缩为一点，并以此点作为层流边界层转化为湍流边界层的转捩点（转捩点指层流向紊流转变的点）。平板的临界雷诺数为

$$Re_c = \frac{v_0 x_c}{\nu} = 5\times10^5 \sim 3\times10^6 \tag{5-3}$$

式中，v_0——势流区来流速度；

x_c——平板前缘至流态转捩点的距离；

ν——流体运动黏性系数。

2．绕流阻力

流体绕过不同形状的固体物面，会形成不同形状的边界层和势流区，构成绕流阻力。绕流阻力是摩擦阻力与压差阻力（或形状阻力）之和。边界层内的速度梯度和流体黏性是产生摩擦阻力的原因；边界层内的尾流区是导致压差阻力的主要原因，流体黏性是产生压差阻力的间接原因。绕流流态、边界层的厚度、分离点位置和尾流区稳定程度取决于惯性力与黏性力之比，即取决于绕流雷诺数大小。

1726 年，牛顿（Newton）提出了绕流阻力公式，认为绕流阻力与流体动能和迎流面积成正比，即

$$F_D = C_D A \frac{\rho {v_0}^2}{2} \tag{5-4}$$

式中，A——物体来流方向上的投影面积；

$C_D = f(Re)$，C_D 绕流阻力系数；

ρ——物体的密度；

v_0——未受干扰的来流速度。

图 5-3 为圆球、圆盘及无限长圆柱绕流运动的阻力系数的实验曲线。

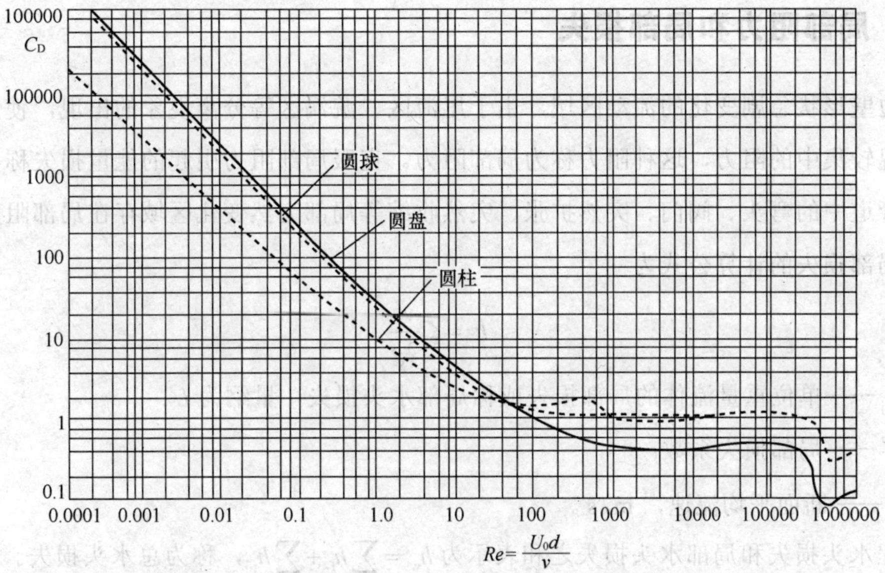

图 5-3 圆球、圆盘及无限长圆柱绕流运动的阻力系数曲线

5.2 流动阻力和水头损失

5.2.1 沿程阻力和沿程损失

在边壁沿流程不变的均匀流动中，只存在沿程均匀分布的摩擦阻力，称为沿程阻力。克服沿程阻力引起的能量损失称为沿程损失。如长直管道中存在沿程阻力和沿程损失。沿程损失计算公式为

$$h_{\mathrm{f}} = \lambda \frac{l}{d} \times \frac{v^2}{2g} \tag{5-5}$$

式中，h_{f}——单位重量流体的沿程损失或称沿程水头损失，量纲为 L；

λ——沿程损失系数，无量纲；

l——管长，m；

d——管径，m；

g——重力加速度，$\mathrm{m/s^2}$；

v——断面平均流速，m/s。

式（5-5）称为达西（Darcy）公式或均匀流基本公式。

5.2.2 局部阻力和局部损失

在边壁形状急剧变化的流动区域，由于尾流区、漩涡区等分离现象的出现，使局部流动区域出现较集中的阻力，这种阻力称为局部阻力。克服局部阻力引起的能量损失称为局部损失。如管道中的弯头、阀门、突然扩张、突然收缩等局部突然变化区域存在局部阻力和局部损失。局部损失的计算公式为

$$h_j = \zeta \frac{v^2}{2g} \tag{5-6}$$

式中，h_j——单位重量流体的局部损失或称局部水头损失，量纲为 L；

ζ——局部损失系数；

v——断面平均流速，m/s。

沿程水头损失和局部水头损失之和表示为 $h_w = \sum h_f + \sum h_j$，称为总水头损失。在图 5-4 的流动管道中，*ab*、*bc*、*cd* 管段存在沿程损失，*a* 处存在入口突然收缩的局部损失，*b* 处存在管道突然收缩的局部损失，*c* 处存在阀门引起的局部损失。

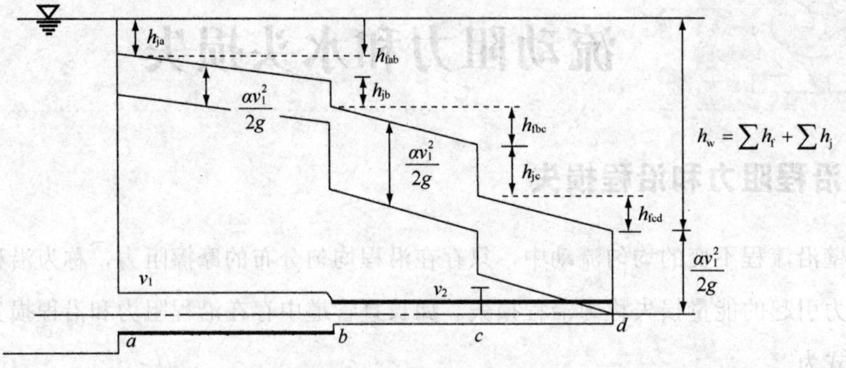

图 5-4 水头损失

5.2.3 均匀流基本方程

长直管道或渠道中过流断面大小、形状沿程不变，只有沿程损失，而无局部损失。流动符合均匀流的特点。以圆管中液体流动为例，均匀流中的沿程阻力与流速间的关系为

$$\tau_0 = \rho g R J \tag{5-7}$$

式中，R——水力半径，对于圆管，$R = \dfrac{d}{4} = \dfrac{r_0}{2} = \dfrac{A}{\chi}$；

χ——湿周，对于圆管，$\chi = 2\pi r_0$；

J——水力坡度，$J = \dfrac{h_f}{l}$。

式（5-7）称为均匀流基本方程。

5.3 流体的层流运动

5.3.1 层流运动的流速分布

1．流动特性

圆管中的层流运动只沿平行轴线方向运动，如同无数薄壁圆筒一个套着一个滑动，各流层质点互不掺混，如图 5-5 所示。各层质点与管壁接触的一层速度为零，轴线上速度最大。

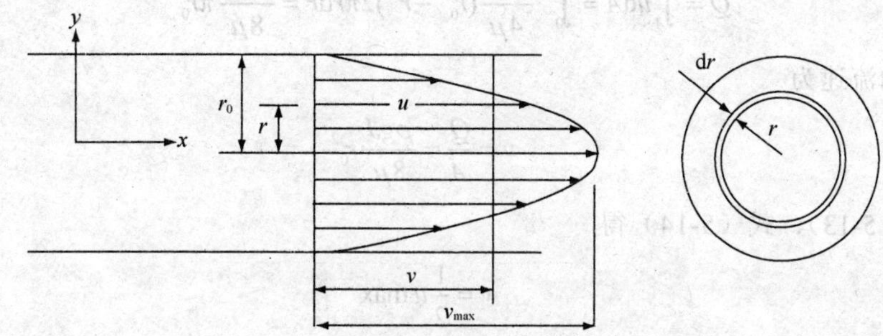

图 5-5 圆管中的层流

各流层间剪应力的大小满足牛顿内摩擦定律，即 $\tau=\mu\dfrac{du}{dy}$，这里 $y=r_0-r$，则

$$\tau=-\mu\frac{du}{dr} \tag{5-8}$$

2．流速分布

将式（5-8）代入均匀流动方程式（5-7），则 $\tau=\rho gRJ=\rho g\dfrac{r}{2}J$，整理得

$$-\mu\frac{du}{dr}=\rho g\frac{r}{2}J。 \tag{5-9}$$

分离变量为

$$du=-\frac{\rho gJ}{2\mu}rdr \tag{5-10}$$

式中，ρg 和 μ 都是常数，在均匀流过流断面上 J 是常数，积分式（5-10）。

可得

$$u=-\frac{\rho gJ}{4\mu}r^2+c \tag{5-11}$$

积分常数 c 由边界条件确定，当 $r=r_0$，$u=0$时，$c=\frac{\rho gJ}{4\mu}r_0^2$。

代入式（5-11）可得过流断面上流速分布方程为

$$u=\frac{\rho gJ}{4\mu}(r_0^2-r^2) \tag{5-12}$$

式（5-12）为抛物线方程。它表明，圆管中层流运动的过流断面上，流速分布是一个以管轴为轴线的旋转抛物面，这是圆管层流的重要特征之一。

将 $r=0$ 代入式（5-12）可知，在管轴线处，达到最大流速，其值为

$$u_{\max}=\frac{\rho gJ}{4\mu}r_0^2 \tag{5-13}$$

流量为

$$Q=\int_A u\mathrm{d}A=\int_0^{r_0}\frac{\rho gJ}{4\mu}(r_0^2-r^2)2\pi r\mathrm{d}r=\frac{\rho gJ}{8\mu}\pi r_0^4$$

断面平均流速为

$$v=\frac{Q}{A}=\frac{\rho gJ}{8\mu}r_0^2 \tag{5-14}$$

比较式（5-13）、式（5-14）得

$$v=\frac{1}{2}u\max \tag{5-15}$$

由式（5-15）得出：圆管层流的断面平均流速为最大流速的一半。

5.3.2 层流运动的沿程损失

沿程阻力系数为

$$\lambda=\frac{64}{Re} \tag{5-16}$$

式5-16表明了圆管层流的沿程损失系数 λ 与 Re 成反比，与管壁粗糙程度无关。

沿程损失为

$$h_{\mathrm{f}}=\lambda\frac{l}{d}\times\frac{v^2}{2g}=\frac{64}{Re}\times\frac{l}{d}\times\frac{v^2}{2g} \tag{5-17}$$

式5-17表明了圆管层流的沿程损失与管流平均流速的一次方成正比。

例5-3 一直径为100mm的圆管，$\nu=0.18\,\mathrm{cm^2/s}$、$\rho=0.85\,\mathrm{g/cm^3}$ 的油在管内以 $v=6.35\,\mathrm{cm/s}$ 的速度做层流运动。试求：①管中心处的流速；②距离管中心 r=2cm 处的流速；③沿程阻力系数 λ。

解 ①管中心处的流速。

$$u_{\max}=2v=2\times6.35=12.7\,\mathrm{cm/s}$$

② 距离管中心 r=2cm 处的流速。

当 r=2cm 时，由式（5-12）和式（5-13）有

$$u=\frac{\rho gJ}{4\mu}r_0^2\left(1-\frac{r^2}{r_0^2}\right)=u_{\max}\left(1-\frac{r^2}{r_0^2}\right)=12.7\times\left(1-\frac{2^2}{5^2}\right)=10.7\text{m/s}$$

③ 沿程阴力系数 λ。

因为 $Re=\frac{vd}{\nu}=\frac{10\times6.35}{0.18}=353$，则层流沿程阻力系数为

$$\lambda=\frac{64}{Re}=\frac{64}{353}=0.181$$

例 5-4 水在圆管内呈流层运动，流速 v=0.12m/s，在管长 $l=20\text{m}$ 的管段上测得沿程水头损失 $h_f=0.026\text{m}$，水的运动黏滞系数 $\nu=1.3\times10^{-6}\text{m}^2/\text{s}$，求圆管直径 d。

解 由式（5-17）可知，其中层流 $\lambda=\frac{64}{Re}$，$Re=\frac{vd}{\nu}$。则

$$d=\sqrt{\frac{64\times1.3\times10^{-6}\times20\times0.12}{0.026\times19.6}}=0.02\text{m}$$

5.4 流体的湍流运动

5.4.1 湍流运动的特征和分析方法

湍流中，各固定空间质点的速度、压强等物理量随时间不规律变化，称为脉动现象，如图 5-6（a）所示。湍流瞬时流速随时间不断变化，但从较长的时间段上看，这种变化总是在某一平均值附近上下波动，如图 5-6（b）所示，说明杂乱无章的紊流运动服从数学统计规律。

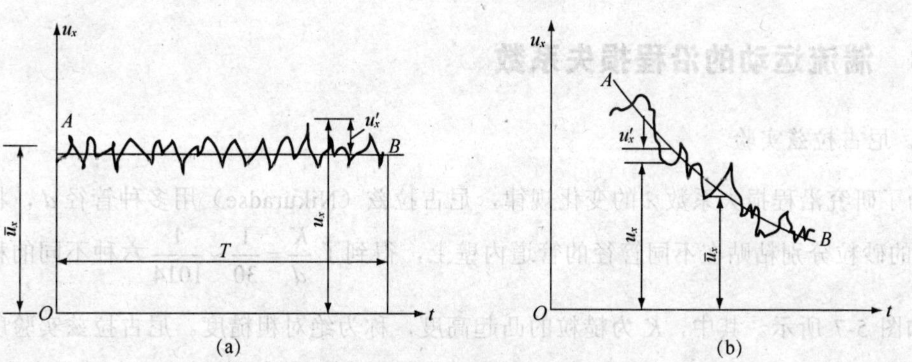

图 5-6 湍流运动的脉动

数学上将湍流运动的瞬时流速来处理为某一时间周期 T 内的时间平均流速 $\bar{\mu}$ 与瞬时脉动流

速 μ' 的代数和。如以 x 方向的分量为例，即

$$\mu_x = \overline{u_x} + \mu_x' \tag{5-18}$$

根据时均流速的定义，显然有

$$\overline{\mu_x} = \frac{1}{T}\int_T \mu_x \mathrm{d}t \tag{5-19}$$

$$\frac{1}{T}\int_T \mu' \mathrm{d}t = 0 \tag{5-20}$$

式（5-20）表明了湍流运动的瞬时流速在某一时间周期 T 内的平均值为零。由此得到分离时均流速和脉动流速的方法，此方法被称为时均法。同理，瞬时压强可表示为 $p = \overline{p} + p'$。

严格来讲，湍流运动是非恒定流动。对于湍流运动要素时均化后，前面所建立的概念诸如均流与非均流、恒定流与非恒定流、速度和压强等有了新的意义，使研究对象被推广到时均量范畴。如时均恒定流是指时均流速和时均压强不随时间变化的流动，可以按恒定流动处理，如图 5-6（a）所示。时均流速随时间变化的流动为非恒定流动，如图 5-6（b）所示。

5.4.2 湍流运动的切应力

基于时均法的研究思想，湍流运动的瞬时切应力 τ 也可表示为时均流速引起的黏性切应力 τ_1 与脉动流速引起的惯性切应力 τ_2 之和，即 $\tau = \tau_1 + \tau_2$。其中黏性切应力 τ_1 由牛顿内摩擦定律确定；惯性切应力 τ_2 时均化后为

$$\overline{\tau_2} = -\rho\overline{\mu_x'\mu_y'} = \rho l^2 \times \left|\frac{\mathrm{d}\mu}{\mathrm{d}y}\right| \times \frac{\mathrm{d}\mu}{\mathrm{d}y} \tag{5-21}$$

即是以脉动流速表示的湍流惯性切应力，又称为雷诺切应力。时均湍流切应力可完整地表示为

$$\overline{\tau} = \overline{\tau_1} + \overline{\tau_2} = \tau_1 + \overline{\tau_2} = \mu\frac{\mathrm{d}\mu}{\mathrm{d}y} - \rho\overline{\mu_x'\mu_y'} = \mu\frac{\mathrm{d}\mu}{\mathrm{d}y} + \rho l^2 \times \left|\frac{\mathrm{d}\mu}{\mathrm{d}y}\right| \times \frac{\mathrm{d}\mu}{\mathrm{d}y} \tag{5-22}$$

式中，l 为混合长度，由实验给出。

5.4.3 湍流运动的沿程损失系数

1．尼古拉兹实验

为了研究沿程损失系数 λ 的变化规律，尼古拉兹（Nikuradse）用多种管径 d，将不同粒径 K 的砂粒分别粘贴在不同管径的管道内壁上，得到了 $\frac{K}{d} = \frac{1}{30} \sim \frac{1}{1014}$ 六种不同的相对粗糙度，如图 5-7 所示。其中，K 为糙粒的凸起高度，称为绝对粗糙度。尼古拉兹实验所采用的粗糙度称为人工（尼古拉兹）粗糙度。量测不同流量时的断面平均流速 v 和沿程水头损失 h_f。

根据 $Re = \frac{vd}{\nu}$ 和 $\lambda = \frac{d}{l} \times \frac{2g}{v^2} \times h_f$ 两式，即可算出 Re 和 λ。把实验结果点绘在双对数坐标纸

上，得到图 5-8。根据 Re-λ 的变化趋势和特征，图中曲线可分为 5 个阻力区。

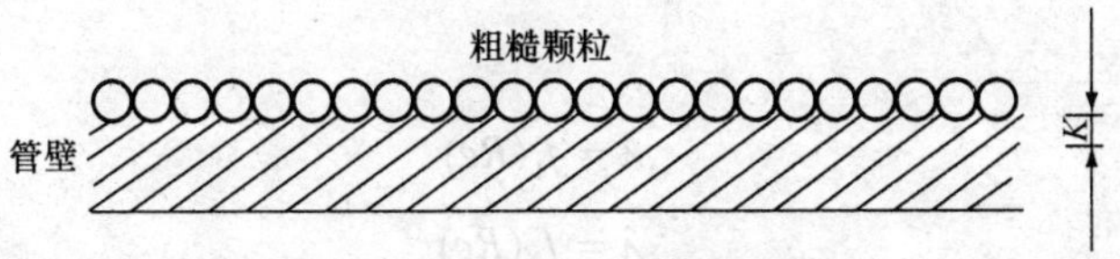

图 5-7 管壁的尼古拉兹粗糙度

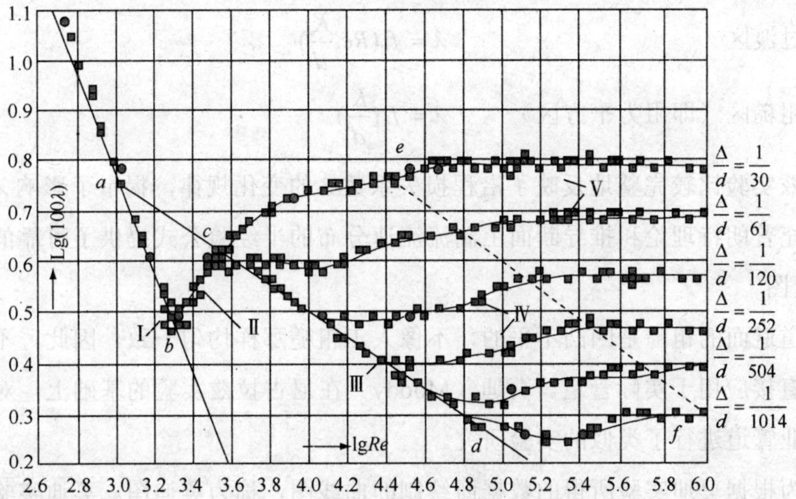

图 5-8 尼古拉兹实验曲线

第Ⅰ区为层流区。当 $Re<2300$ 时，所有的实验点，不论其相对粗糙度如何，都集中在一条直线上，且 $\lambda=\dfrac{64}{Re}$。表明 λ 仅随 Re 变化，而与相对粗糙度 $\dfrac{K}{d}$ 无关。

第Ⅱ区为临界过渡区。在 $2300<Re<4000$ 范围内，是由层流向湍流的转变过程。λ 随 Re 的增大而增大，而与相对粗糙度 $\dfrac{K}{d}$ 无关。

在 $Re>4000$ 以后，流动进入湍流状态，实验点落在Ⅲ、Ⅳ、Ⅴ的湍流区。湍流区又可分为以下 3 个区域。

第Ⅲ区为湍流光滑区。在 $Re<4000$ 以后，不同相对粗糙度的试验点，起初都集中在曲线Ⅲ上。随着 Re 的增大，相对粗糙度较大的管道，其试验点在较低的 Re 时就偏离曲线Ⅲ。在曲线Ⅲ的范围内，λ 八只与 Re 有关，而与 $\dfrac{K}{d}$ 无关。

第Ⅳ区为湍流过渡区，为斜线Ⅲ与虚线之间的区域。λ 既与 Re 有关，又与相对粗糙度 $\dfrac{K}{d}$ 有关。

第Ⅴ区为湍流粗糙区，为虚线以右区域。不同相对粗糙度的实验点，分别落在与横坐标平行的直线上。λ 只与相对粗糙度 $\dfrac{K}{d}$ 有关，而与 Re 无关。当 λ 与 Re 无关时，由达西公式可知，沿程损失与流速的平方成正比。因此，第Ⅴ区又称为阻力平方区。

尼古拉兹实验表明，湍流的 λ 取决于 Re 和 $\frac{K}{d}$ 两个因素。沿程损失的阻力系数 λ 的变化归纳如下。

Ⅰ层流区 $\lambda = f_1(Re)$

Ⅱ临界过渡区 $\lambda = f_2(Re)$

Ⅲ湍流光滑区 $\lambda = f_3(Re)$

Ⅳ湍流过渡区 $\lambda = f_4(Re, \frac{K}{d})$

Ⅴ湍流粗糙区（即阻力平方区） $\lambda = f_5(\frac{K}{d})$

尼古拉兹实验比较完整地反映了沿程损失系数 λ 的变化规律，揭示了影响 λ 变化的主要因素，为补充普朗特理论和推导断面上湍流流速分布的半经验公式提供了可靠的依据。

2．莫迪图

实际管道避面的粗糙是凹凸不平的，不像人工粗糙那样均匀一致，因此，不能把尼古拉兹实验成果直接应用于实际管道。莫迪（Moody）在尼古拉兹实验的基础上，对大量金属和非金属的工业管道进行了类似的实验研究。

图 5-9 为根据莫迪实验所得的数据而绘制的曲线图，称为莫迪图。莫迪实验验证了尼古拉兹实验的正确性。揭示了实验管道沿程阻力系数 λ 的变化规律。

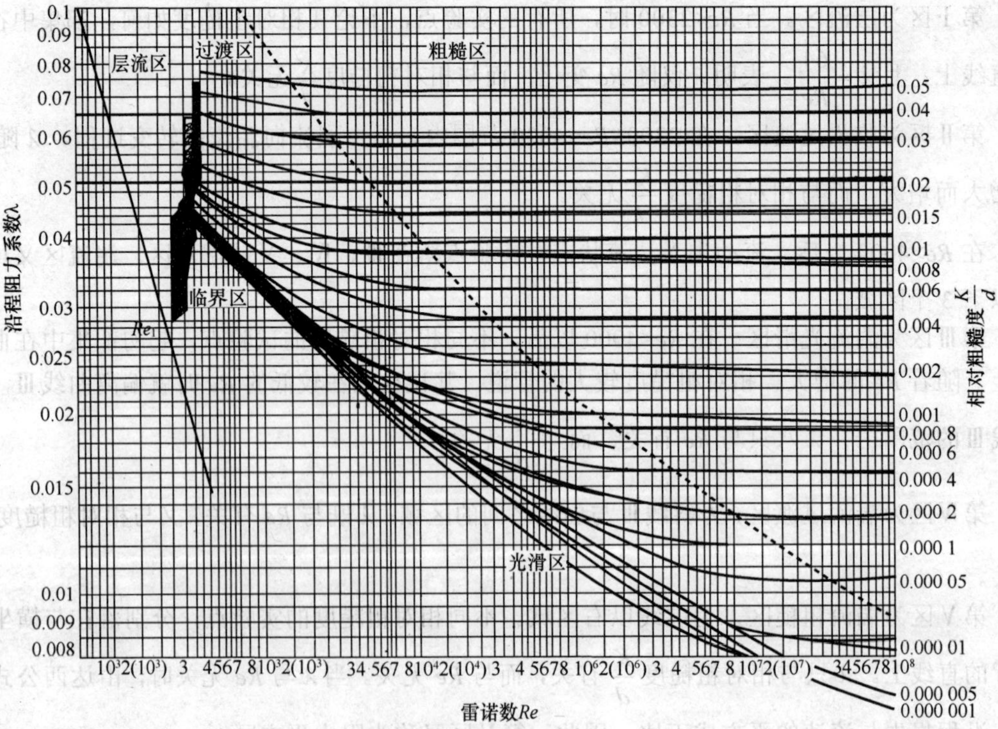

图 5-9 莫迪图

在工程流体力学中，把人工粗糙作为度量管壁粗糙的基本标准，提出当量粗糙高度的概念。所谓当量粗糙高度，是指和实际管道在湍流粗糙区时的λ值，与尼古拉兹实验结果比较，找出λ值相等的同一管径的人工粗糙管的粗糙颗粒高度，即为实际管道的当量粗糙高度。为了叙述方便，工程中常省略“当量”两字，且仍以符号K表示。

5.4.4 湍流运动的流速分布

由于质点的掺混和动量交换，湍流速度较层流速度趋于均匀化。依据实验结果，湍流流速多按指数分布或对数分布。

$$\frac{\mu}{\mu_{\max}}=\left(\frac{y}{r_0}\right)^{1/7}$$

式（5-23）适用 $Re=1.1\times10^5$。（5-23）

$$\frac{\mu}{v_*}=5.75\lg\left(\frac{yv_*}{v}\right)+5.5$$

$$v_*=\sqrt{\frac{\tau_0}{\rho}}，\quad(5\text{-}24)$$

式中，v_*——摩阻速度。

表 5-1 归纳了圆管层流和紊流的流速分布和沿程阻力系数的计算公式。

例 5-5 在管径d=300mm，相对粗糙度$K/d=0.002$的管内，水以流速v=3m/s 运动，运动黏滞系数$\nu=10^{-6}\text{m}^2/\text{s}$，密度$\rho=999.23\text{kg}/\text{m}^3$。试求管长$l$=300m 的管道内的沿程水头损失$h_\text{f}$。

解 判别流态：$Re=\dfrac{vd}{\nu}=\dfrac{3\times0.3}{10^{-6}}=9\times10^5$

流动处于湍流粗糙区。由Re和K/d查莫迪图，$\lambda=0.0238$。

水头损失为

$$h_\text{f}=\lambda\frac{l}{d}\times\frac{v^2}{2g}=0.0235\times\frac{300}{0.3}\times\frac{3^2}{2\times9.8}=10.8\text{m}$$

表 5–1 圆管主要计算公式

流态	Re	阻力区	断面流速分布	沿程损失系数 λ
层流	<2300		$\mu=\dfrac{\rho gJ}{4\mu}(r_0^2-r^2)$	$\lambda=\dfrac{64}{Re}$
临界	2000～4000			$\lambda=0.0025\sqrt[3]{Re}$
紊流	>4000	光滑区 $v<11\left(\dfrac{v}{K}\right)$	$\dfrac{\mu}{v_*}=5.75\lg\dfrac{yv_*}{v}+5.5$	$\dfrac{1}{\sqrt{\lambda}}=2\lg(Re\sqrt{\lambda})-0.8$ $\lambda=\dfrac{0.3164}{Re^{0.25}}$

续表

流态	Re	阻力区	断面流速分布	沿程损失系数 λ
紊流	>4000	过渡区 $11\left(\frac{\nu}{K}\right)\leqslant v<445\left(\frac{\nu}{K}\right)$		$\frac{1}{\sqrt{\lambda}}=-2\lg\left(\frac{K}{3.7d}+\frac{2.51}{Re\sqrt{\lambda}}\right)$ $\lambda=0.11\left(\frac{K}{d}+\frac{68}{Re}\right)^{0.25}$
		粗糙区 $v\geqslant 445\left(\frac{\nu}{K}\right)$	$\frac{\mu}{v_*}=5.75\lg\frac{y}{K}+8.48$	$\frac{1}{\sqrt{\lambda}}=2\lg\frac{3.7d}{K}$ $\lambda=0.11\left(\frac{K}{d}\right)^{0.25}$

5.5 局部损失

5.5.1 突放管的局部损失

突放管的局部损失系数为

$$\left.\begin{aligned}\zeta_1&=\left(1-\frac{A_1}{A_2}\right)^2\\ \zeta_2&=\left(\frac{A_2}{A_1}-1\right)^2\end{aligned}\right\}\tag{5-25}$$

突放前后有两个不同的平均流速，因而有两个相应的局部损失系数。计算时选用的局部损失系数必须与流速相对应。

当流体从管道流入断面很大的水箱中或开阔水域时，$\frac{A_1}{A_2}\approx 0$，$\zeta_1=1$为突然扩大的特例，称为管道出口淹没出流的局部损失系数。

5.5.2 局部损失系数

局部阻力的流动障碍有多种多样，局部损失一般通过实验数据或经验公式确定。工程上，计算局部损失用流速水头的倍数表示，即

$$h_{\mathrm{j}}=\zeta\frac{v^2}{2g}\tag{5-26}$$

可见，求h_{j}的问题就转变为求局部阻力系数ζ的问题。常用局部水头损失系数可查有关表。弯管的局部水头损失，包括漩涡损失和二次流损失两部分。局部水头损失系数取决于弯管的转角θ和曲率半径与管径之比$\frac{R}{d}$，见表 5-2。

表 5-2 弯管的局部水头损失系数

断面形状	R/d 或 R/b	30°	45°	60°	90°
	0.5	0.120	0.27	0.480	1.000
圆形	1.0	0.058	0.1	0.150	0.246
	2.0	0.066	0.089	0.112	0.159
方形	0.5	0.120	0.027	0.480	1.060
	1.0	0.054	0.079	0.130	0.241
h/b=1.0	2.0	0.051	0.078	0.102	0.142
矩形	0.5	0.120	0.27	0.480	1.000
	1.0	0.058	0.087	0.135	0.220
h/b=0.5	2.0	0.062	0.088	0.112	0.155
矩形	0.5	0.012	0.28	0.480	1.080
	1.0	0.042	0.081	0.140	0.227
h/b=2.0	2.0	0.042	0.063	0.083	0.113

例 5-6 两个水箱用两段不同直径的管道连接，1-3 管段长 $l_1 = 10\text{m}$，直径 $d_1 = 200\text{mm}$，$\lambda_1 = 0.019$；3-6 管段长 $l_2 = 10\text{m}, d_2 = 100\text{mm}, \lambda_2 = 0.018$。管路中的局部管件：1 为管道入口；2 和 5 为 90°煨弯弯头；3 为渐缩管（$\theta = 8°$）；4 为闸阀；6 为管道出口。$\zeta_1 = \zeta_2 = \zeta_4 = \zeta_5 = 0.5$，$\zeta_3 = 0.024$，$\zeta_6 = 1.0$，若输送流量 $Q = 20\text{L/s}$，求两水箱水面的高度差 H，如图 5-10 所示。

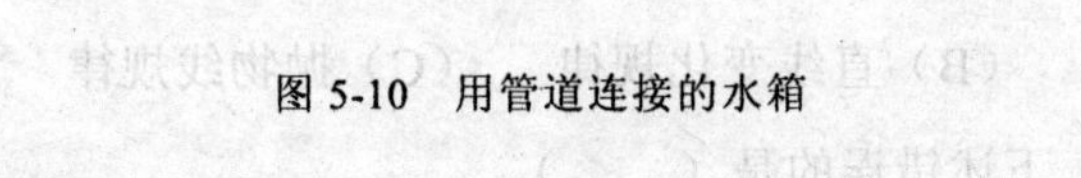

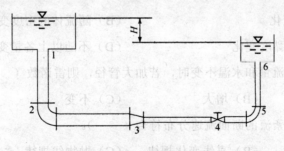

图 5-10 用管道连接的水箱

解 两管段中的流速分别为

$$v_1=\frac{4Q}{\pi d_1^2}=\frac{4\times 20\times 10^3}{3.14\times 0.2^2\times 10^6}=0.64\text{m/s}$$

$$v_2=v_1\left(\frac{d_1}{d_2}\right)^2=0.64\left(\frac{200}{100}\right)^2=2.56\text{m/s}$$

速度水头为

$$\frac{v_1^2}{2g}=\frac{0.64^2}{2\times 9.8}=0.02\text{m}$$

$$\frac{v_2^2}{2g}=\frac{2.56^2}{2\times 9.8}=0.33\text{m}$$

由两水箱水面的能量方程

$$H=h_{\text{w1-6}}=(h_{\text{f}}+\sum h_{\text{m}})_{1-3}+(h_{\text{f}}+\sum h_{\text{m}})_{3-6}=\left(\lambda_1\frac{l_1}{d_1}+\zeta_1+\zeta_2\right)\frac{v_1^2}{2g}+\left(\lambda_2\frac{l_2}{d_2}+\zeta_3+\zeta_4+\zeta_5+\zeta_6\right)\frac{v_2^2}{2g}$$

$\zeta_1=\zeta_2=\zeta_4=\zeta_5=0.5$，$\zeta_3=0.024$，$\zeta_6=1.0$，

可知

$$H=h_{\text{w1-6}}=\left(0.019\times\frac{10}{0.2}+0.5+0.5\right)\times 0.02+\left(0.018\times\frac{10}{0.1}+0.024+0.5+0.5+1.0\right)\times 0.33=0.039+1.262$$

$$=1.301\text{m}$$

习题

一、选择题

1．圆管层流，实测管轴上流速为 0.4m/s，则断面平均流速为（　　）。

（A）0.4m/s　（B）0.32m/s　（C）0.1m/s　（D）0.2m/s

2．判别圆管流态的标准是（　　）。

（A）平均速度　$v>50\text{m/s}$　（B）雷诺数　$Re=5\times10^5$

（C）雷诺数　$Re=2300$　（D）相对糙度　$\Delta/d>0.01$

3．圆管流的临界雷诺数（下临界雷诺数）（　　）。

（A）随管径变化　（B）随流体的密度变化

（c）随流体的黏度变化　（D）不随以上各量变化

4．有压圆管中，流量和水温不变时，若加大管径，则雷诺数（　　）。

（A）减小　（B）增大　（C）不变　（D）变化不定

5．在圆流管中，紊流的断面流速分布符合（　　）。

（A）均匀规律　（B）直线变化规律　（C）抛物线规律　（D）对数曲线规律

6．对于圆管层流，下述错误的是（　　）。

（A）水头损失与流速无关　（B）水头损失只与雷诺数有关

（C）水头损失与管壁粗糙度无关　　　（D）水头损失与流速一次方成正比

7．在圆管流中，层流的断面流速分布符合（　　）。

（A）均匀规律　（B）直线变化规律　（C）抛物线规律　（D）对数曲线规律

8．工程上判别层流和紊流，判断根据是（　　）。

（A）平均流速　　　（B）雷诺数

（C）流体的运动黏滞系数　　　（D）管道直径

9．层流的沿程水头损失（　　）。

（A）与流速的一次方成正比　　　（B）与流速的一次方成反比

（C）与流速的平方成正比　　　（D）与流速之间没有明显关系

10．圆管层流过流断面流速分布特征为（　　）。

（A）线性分布　（B）对数分布　（C）任意分布　（D）抛物线分布

11．对于圆管紊流粗糙区，（　　）。

（A）沿程损失 h_f 与速度 v 的一次方成正比

（B）沿程损失系数 λ 与雷诺数 Re 有关

（C）沿程损失系数 λ 只与相对粗糙 K/d 有关

（D）沿程损失系数 λ 与雷诺数 Re 和相对糙度 K/d 有关

12．变直径管流，细管段直径 d_1，粗管段直径 $d_2=2d_1$，两断面雷诺数的关系是（　　）。

（A）$Re_1=0.5Re_2$　　　（B）$Re_1=Re_2$

（c）$Re_1=1.5Re_2$　　　（D）$Re_1=2Re_2$

13．圆管直径 d=0.2m，管长 L=1000m，输送石油的流量 Q=0.04m^3/s，运动黏滞系数 ν=1.6cm^2/s，则沿程损失系数 λ 等于（　　）。

（A）0.04　（B）0.4　（C）0.02　（D）不确定

14．沿程水头损失 h_f（　　）。

（A）与流程长度 l 成正比；与壁面切应力和水力半径 R 成反比

（B）与水力半径 R 成正比；与壁面切应力和流程长度 l 成反比

（C）与流程长度 l 和壁面切应力成正比；与水力半径 R 成反比

（D）与壁面切应力成正比；与流程长度 l 和水力半径 R 成反比

15．如图 5-11 所示，由大体积水箱供水，且水位恒定，水箱顶部压力表读值为 19 600Pa，水深 H=2m，水平管道长 l=100m，直径 d=200mm，沿程损失系数 λ=0.02，忽略局部损失，管道通过的流量为（　　）。

（A）47.4 L/s　（B）59.3 L/s　（C）83.8 L/s　（D）196.5 L/s

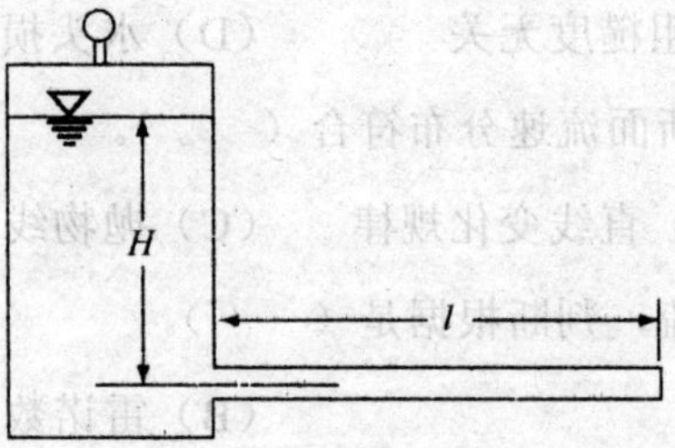

图 5-11 选择题 15 示意图

二、计算题

1．石油在冬季时的运动黏度为 $\nu_1 = 6\times10^{-4}\ \mathrm{m^2/s}$；在夏季时，$\nu_2 = 4\times10^{-4}\ \mathrm{m^2/s}$。有一输油管道，直径 $d = 0.4\mathrm{m}$，设计流量为 $Q = 0.18\mathrm{m^3/s}$。试求冬夏石油流动的流态。（答案为：冬季层流，夏季紊流）

2．水管直径 $d = 10\mathrm{cm}$，管中流速 $v = 1\mathrm{m/s}$，水温为 10℃，试判别流态；并试述流速为多少时，流态将发生变化。

3．有一矩形断面的小排水沟，水深 15cm，底宽 20cm，流速 $0.15\mathrm{m/s}$，水温 10℃，试判别流态。

4．输油管的直径 $d = 150\mathrm{mm}$，流量 $Q = 16.3\mathrm{m^3/h}$，油的运动黏度 $\nu = 0.2\mathrm{cm^2/s}$，试求每公里长的沿程水头损失。

5．为了确定圆管内径，在管内通过 ν 为 $0.013\mathrm{cm^2/s}$，实测流量为 $35\mathrm{cm^3/s}$，长 15m 管段上的水头损失为 2cm 水柱。试求此圆管的内径。

第6章 有压管流

有压管流的特点是：流体充满管道过流断面，管道内不存在自由液面，管壁上各点的压强一般不等于大气压强。有压管流分为短管和长管。短管是指局部水头损失及流速水头在总水头损失中占有相当大的比重（例如，局部水头损失及流速水头之和大于沿程水头损失的5%），且计算时不能忽略的管道，如水泵的吸水管、虹吸管、倒虹吸管以及送风管等。长管是指在管道的总水头损失中，以沿程水头损失为主，局部水头损失和流速水头所占比重很小且可忽略不计的管道，如城市给水管网。当只考虑局部水头损失，而忽略沿程水头损失的另一极端，则为孔口或管嘴出流。

6.1 有压管流概念

在实际工程中，液体和气体的主要方式输送是有压管流。有压管流的水头损失包括沿程损失和局部损失。工程上为了简化计算，按两类水头损失在全部损失中所占的比重不同，将管道分为短管和长管。所谓的短管，是指水头损失中，沿程损失和局部损失都占相当比重，两者都不可忽略的管道，如虹吸管、水泵吸水管及工业送、回风管等都是短管；长管是指水头损失以沿程损失为主，局部损失和流速水头的总和沿程损失相比很小，忽略不计，或按沿程损失的百分数估算，仍能满足工程要求的管道，如城市室外给水管道。

6.1.1 短管

1. 短管自由出流

如图 6-1 所示，水箱水位恒定。取水箱内任一过流断面 1-1，管道出口断面 2-2 列伯努利方程，H 为出口断面形心与上游水面的高差，其中 $v_0 \approx 0$，则有 $H = \dfrac{\alpha v^2}{2g} + h_w$。

水头损失包括沿程和局部两部分，即

$$h_w = \left(\lambda \frac{l}{d} + \Sigma\zeta\right)\frac{v^2}{2g}$$

代入 $H=\dfrac{\alpha v^2}{2g}+h_w$

整理得出流速

$$v=\frac{1}{\sqrt{\alpha+\lambda\dfrac{l}{d}+\sum\zeta}}\sqrt{2gH}$$

流量

$$Q=vA=\mu A\sqrt{2gH} \tag{6-1}$$

式中，μ——自由出流的流量系数，$\mu=\dfrac{1}{\sqrt{\alpha+\lambda\dfrac{l}{d}+\sum\zeta}}$

式（6-1）是短管自由出流的水力计算基本公式。

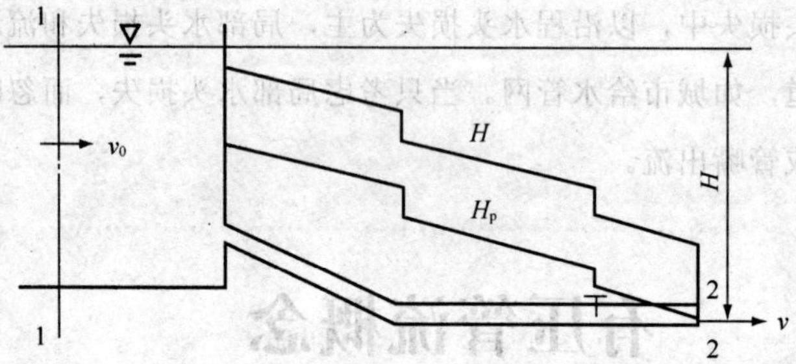

图 6-1 短管自由出流

2．短管淹没出流

短管淹没出流（图 6-2），取上、下游水箱内过流断面 1-1、2-2，列伯努利方程，其中 $v_1\approx v_2\approx 0$。

则有

$$H=h_w=\left(\lambda\frac{l}{d}+\Sigma\zeta\right)\frac{v_2^{\ 2}}{2g}$$

流速

$$v=\frac{1}{\sqrt{\lambda\dfrac{l}{d}+\sum\zeta}}\sqrt{2gH}$$

流量

$$Q=vA=\mu A\sqrt{2gH} \tag{6-2}$$

式中，μ——淹没出流的流量系数，$\mu=\dfrac{1}{\sqrt{\lambda\dfrac{l}{d}+\Sigma\zeta}}$

$\Sigma\zeta$——含管道出口水头损失系数，取 ζ=1。

式（6-2）是淹没出流短管的基本公式。

比较短管自由出流和淹没出流的计算公式，自由出流的流量系数中多一个动能修正系数 α；淹没出流的流量系数中 $\Sigma\xi$ 增加了一个出口局部水头损失系数 1。由此可见，同一短管在自由出流和淹没出流条件下，流量计算公式的形式及流量系数 μ 的数值均相同。但应注意，二者的作用水头不同。当忽略行近流速水头时，自由出流的作用水头是管道出口断面中心以上的水头；淹没出流的作用水头是上、下游液面差。

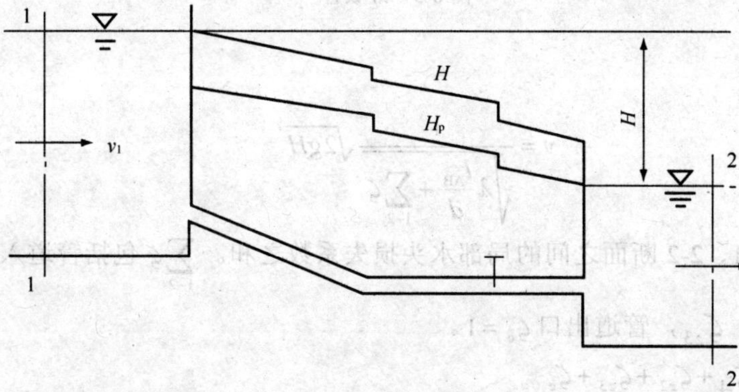

图 6-2 短管淹没出流

6.1.2 短管的水力计算

短管的水力计算包括三类基本计算问题。

（1）已知作用水头 H、管道长度 l、直径 d、管材（管壁粗糙情况）、局部阻碍的组成，求流量 Q。

（2）已知流量 Q、管道长度 l、直径 d、管材、局部阻碍的组成，求作用水头 H。

（3）已知流量 Q、作用水头 H、管道长度 l、管材、局部阻碍的组成，求直径 d。

以上问题都能通过建立伯努利方程求解，下面结合实际问题作进一步说明。

1．虹吸管的水力计算

虹吸管是跨越高地的一种输水管道，布置形式如图 6-3 所示。虹吸管的工作原理为：将管内空气排除形成真空，使上游水面与管内产生压差，水流能够由上游通过虹吸管流入下游。虹吸管内的真空值，一般不大于 7～8m 水柱高，否则管内的水将发生汽化，破坏水流的连续性。虹吸管在工程中应用较普遍，穿越高地输水，减少挖方，避免埋设管道，并便于自动操作。虹吸管的水力计算主要是确定虹吸管的流量或管径，以及虹吸管顶部的允许安装高度，虹吸管按短管计算。

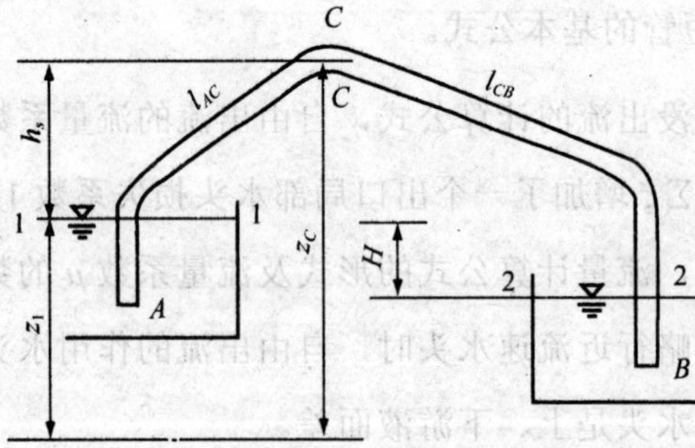

图 6-3 虹吸管

虹吸管的流速为

$$v=\frac{1}{\sqrt{\lambda\frac{l_{AB}}{d}+\sum\limits_{1-2}\zeta}}\sqrt{2gH} \tag{6-3}$$

式中，$\sum\limits_{1-2}\zeta$——1-1、2-2 断面之间的局部水头损失系数之和。$\sum\limits_{1-2}\zeta$ 包括管道入口 ζ_e，转弯阻力系数 ζ_{z1}、ζ_{z2}、ζ_{z3}，管道出口 $\zeta_c=1$。

因 $\sum\limits_{1-2}\zeta=\zeta_e+\zeta_{z1}+\zeta_{z2}+\zeta_{z3}+\zeta_c$

流量

$$Q=vA=\mu A\sqrt{2gH}$$

最大真空高度：

取 1-1、c-c 断面，列伯努利方程

$$z_1+\frac{p_1}{\rho g}+\frac{\alpha_1 v_1^2}{2g}=z_c+\frac{p_c}{\rho g}+\frac{\alpha v^2}{2g}+\left(\lambda\frac{l_{AC}}{d}+\sum_{1-c}\zeta\right)\frac{v^2}{2g}$$

流速 $v_1\approx 0$，$p_1=p_a$（大气压）得

$$\frac{p_a-p_c}{\rho g}=(z_c-z_1)+\left(\alpha+\lambda\frac{l_{AC}}{d}+\sum_{1-c}\zeta\right)\frac{v^2}{2g}$$

即

$$h_{v\max}=h_s+\left(\alpha+\lambda\frac{l_{AC}}{d}+\sum_{1-c}\zeta\right)\frac{v^2}{2g}<[h_v] \tag{6-4}$$

或

$$h_{v\max}=h_s+\frac{\left(\alpha+\lambda\frac{l_{AC}}{d}+\sum\limits_{1-c}\zeta\right)}{\lambda\frac{l_{AC}}{d}+\sum\limits_{1-2}\zeta}\times H<[h_v] \tag{6-5}$$

其中 $\sum\limits_{1-c}\zeta=\zeta_e+\zeta_{z1}+\zeta_{z2}$，$h_s=z_c-z_1$。

为保证虹吸管正常工作，必须满足 $h_{v\max}<[h_v]$，由式（6-5）可知，虹吸管的最大超高 h_s 和作用水头 H 都受 $[h_v]$ 的制约。

例 6-1 给出图 6-3 的具体数值如下。

$H=2\text{m}, l_{AC}=15\text{m}, l_{CB}=20\text{m}$, 管径$d=200\text{mm}$, 入口处有滤网的入口阻力系数$\zeta_e=1$，各转弯处的阻力系数$\zeta_{z1}=\zeta_{z2}=\zeta_{z3}=\zeta_b=0.2$，出口阻力系数$\zeta_c=1$，沿程阻力系数$\lambda=0.0025$，管顶允许真空高度$[h_v]=7\text{m}$。求通过虹吸管流量及管顶最大允许安装高度。

解 流量$Q_V=v\dfrac{1}{4}\pi d^2$

$$Q_V=\frac{\frac{1}{4}\pi d^2}{\sqrt{\zeta_e+3\zeta_b+\zeta_c+\lambda\frac{l_{AC}+l_{CB}}{d}}}\times\sqrt{2gH}$$

$$=\frac{0.0314}{\sqrt{1+3\times0.2+1+4.375}}\times\sqrt{39.2}$$

$$=0.0745\text{m}^3/\text{s}$$

最大安装高度

当$h_{v\max}=\dfrac{p_a-p_c}{\rho g}=[h_v]$时，得

$$h_s=[h_v]-\frac{1+\zeta_e+2\zeta_b+\lambda\frac{l_{AC}}{d}}{\zeta_e+3\zeta_b+\zeta_c+\lambda\frac{l_{AC}+l_{CB}}{d}}\times H=7-\frac{4.275}{6.975}\times2=5.77\text{m}$$

2. 水泵吸水管的水力计算

水泵吸水管的水力计算，主要为确定泵的安装高度，即泵轴线在吸水池水面上的高度H_s，如图6-4所示。

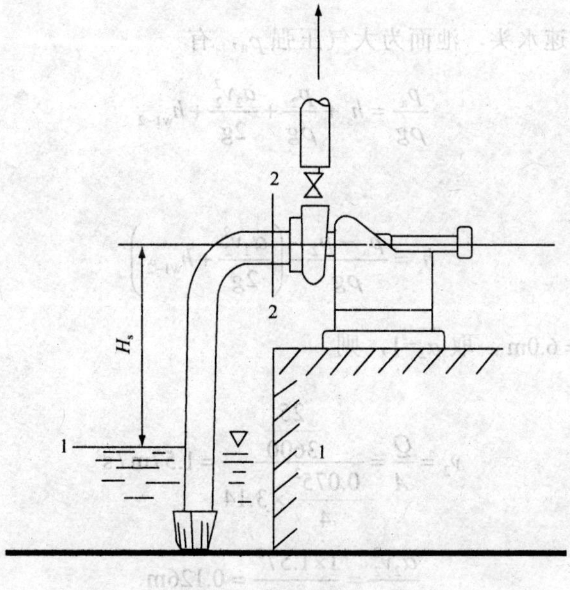

图6-4 水泵吸水管

水泵的工作原理是：通过水泵转轮的转动，在泵体内形成真空，将水池中的水沿吸水管吸入，在水泵内获得新的机械能后，由压水管输出。水泵进口处的真空度是有限制的，否则，水会发生汽化而形成气泡。气泡在水泵中受压破裂，引起周围高速水流向该点冲击，从而在该点形成很大的局部压强，损坏水泵，出现气蚀现象。为此，水泵生产厂家在产品样本中给出允许吸水真空高度[h_v]。水泵吸水管的水力计算就是根据水泵的[h_v]值确定水泵的安装高度。

取吸水池水面1-1和水泵进口断面2-2列伯努利方程，忽略吸水池水面流速，得

$$\frac{p_a}{\rho g}=H_s+\frac{p_2}{\rho g}+\frac{\alpha v^2}{2g}+h_w$$

$$H_s=\frac{p_a-p_2}{\rho g}-\frac{\alpha v^2}{2g}-h_w=h_v-\left(\alpha+\lambda\frac{l}{d}+\sum\zeta\right)\frac{v^2}{2g} \tag{6-6}$$

式中，H_s——水泵安装高度；

h_v——水泵进口断面真空高度，$h_v=\dfrac{p_a-p_2}{\rho g}$；

λ——吸水管沿程摩阻系数；

$\sum\zeta$——吸水管各项局部水头损失系数之和。

例6-2 如图6-4所示，离心泵抽水流量Q=25m^3/h。吸水管长l=5m，管径d=75mm，沿程阻力系数λ=0.0455，局部阻力系数有滤网的底阀为$\zeta_1=8.5$，90°弯头$\zeta_2=0.3$。泵的允许吸入真空高度[h_v]=6.0m。试确定水泵的最大安装高度h_s。

解 取水池的水面为基准面，列断面1-1和水泵进口断面2-2的能量方程（采用绝对压强），忽略水池行近流速水头，池面为大气压强p_a，有

$$\frac{p_a}{\rho g}=h_s+\frac{p_2}{\rho g}+\frac{\alpha_2 v_2^2}{2g}+h_{w1-2}$$

则

$$h_s=\frac{p_a-p_2}{\rho g}-\left(\frac{\alpha_2 v_2^2}{2g}+h_{w1-2}\right)$$

式中，$\dfrac{p_a-p_2}{\rho g}\leqslant[h_v]=6.0\text{m}$，取$\alpha_2$=1，则

$$v_2=\frac{Q}{A}=\frac{\dfrac{25}{3600}}{\dfrac{0.075^2}{4}\times 3.14}=1.57\text{m/s}$$

$$\frac{\alpha_2 v_2^2}{2g}=\frac{1\times 1.57^2}{2\times 9.8}=0.126\text{m}$$

$$h_{w1-2}=\left(\lambda\frac{1}{d}+\sum\zeta\right)\frac{v_2^2}{2g}=\left(0.0455\times\frac{5}{0.075}+8.5+0.3\right)\times0.126=1.49\text{m}$$

将上面数值代入上式，水泵最大安装高度

$$h_s=\frac{p_a-p_2}{\rho g}-\left(\frac{\alpha_2 v_2^2}{2g}+h_{w1-2}\right)\leqslant 6-(0.126+1.49)=4.38\text{m}$$

3．倒虹吸管的水力计算

倒虹吸管是穿越道路、河渠等障碍物的一种输水涵管。如图 6-5 所示，中间部分比进出口都低。倒虹吸管的水力计算主要是确定流量和管径。

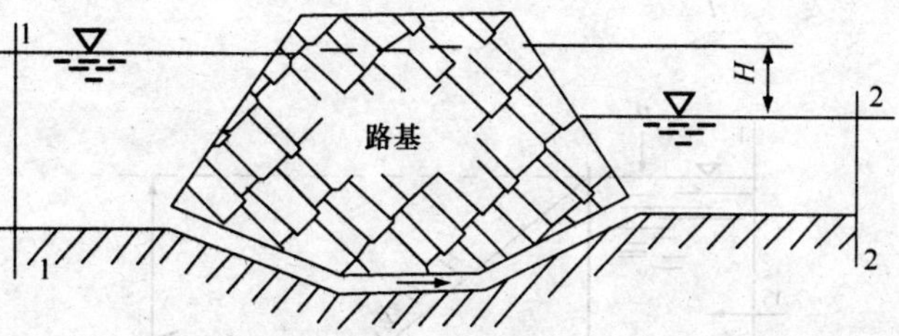

图 6-5　倒虹吸管

6.1.3　长管

长管是有压管道的简化模型。由于长管不计速度水头和局部水头损失，使水力计算大为简化，并可利用专门编制的水力计算表进行辅助计算，将有压管道分为长管和短管的目的就在于此。

1．简单管道

沿程管径和流量均不变的管道称为简单管道。如图 6-6 所示，按长管计算，$\frac{a_2v^2}{2g}$ 和 h_j 均忽略不计，则 $H=h_f$。

上式表明，长管的全部作用水头都用于消耗沿程水头损失，总水头线是连续下降的直线，并与测压管水头线重合。

$$h_f=\lambda\times\frac{l}{d}\times\frac{v^2}{2g}=\lambda\times\frac{l}{d}\times\frac{\left(\frac{Q}{A}\right)^2}{2g}=\lambda\times\frac{l}{d}\times\frac{\left(\frac{Q}{\frac{\pi d^2}{4}}\right)^2}{2g}=\frac{8\lambda}{g\pi^2 d^5}lQ^2$$

令

$$a=\frac{8\lambda}{g\pi^2 d^5} \qquad (6\text{-}7)$$

式中，a 为比阻。

得 $$H = h_f = alQ^2 = SQ^2 \tag{6-8}$$

式（6-8）是简单管道按比阻计算的基本公式。a的物理意义是单位流量通过单位长度管道所需的作用水头，a大小取决于沿程阻力系数λ和管径d。S为管道的阻抗，$S = al$。

公式（6-9）可改写为

$$H = \frac{Q^2}{K^2}l \text{ 或 } J = \frac{Q^2}{K^2} \tag{6-9}$$

式中，K——流量模数，$K = \sqrt{\frac{l}{S}}$，具有流量的量纲；

J——水力坡度，$J = \frac{H}{l}$。

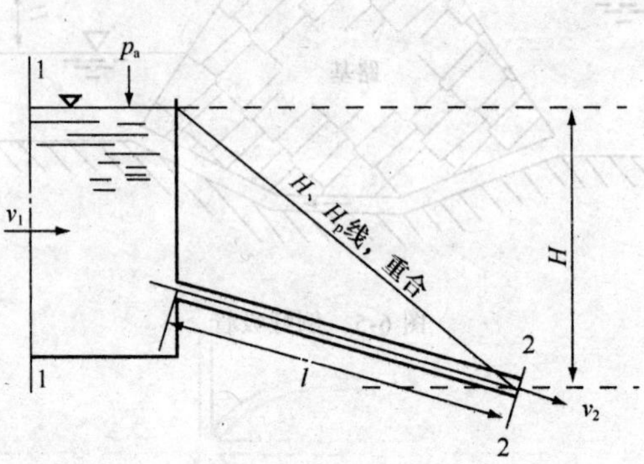

图 6-6　简单管道

2．串联管路

由直径不同的管段顺序连接起来的管道，称为串联管道。串联管道常用于沿程向几处输水，经过一段距离便有流量分出，随着沿程流量减少，所采用的管径也相应减少。

设串联管道（见图 6-7），各管段的长度分别为l_1、l_2……，直径为d_1、d_2……，通过流量为Q_1、Q_2……，节点出流量为q_1、q_2……。串联管道中，两管段的联结点称为节点。流向节点的流量等于流出节点的流量，满足节点流量平衡，即$Q_1 = q_1 + Q_2$，$Q_2 = q_2 + Q_3$。

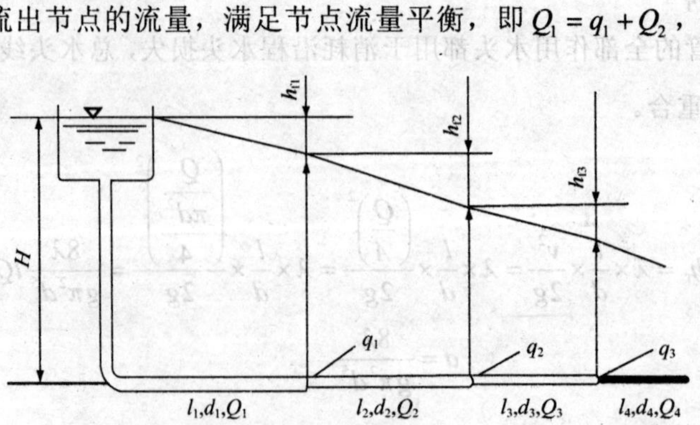

图 6-7　串联管路

一般形式为

$$Q_i = q_i + Q_{i+1} \tag{6-10}$$

当节点无流量分出时，通过各管段的流量相等，即$Q_1 = Q_2 = Q_3$。

每一管段均为简单管道，串联管路阻力损失，按阻力叠加原理为

$$\begin{aligned} h_{f1-3} &= h_{f1} + h_{f2} + h_{f3} \\ &= S_1Q_1^2 + S_2Q_2^2 + S_3Q_3^2 \end{aligned} \tag{6-11}$$

式（6-11）可化简为$H = SQ^2$。

串联管道的水头线是一条折线，这是因为各管段的水力坡度不等之故。

3．并联管道

在两节点之间，并联两根以上管段的管道称为并联管道。如图 6-8 所示，节点A、B之间就是三根并接的并联管道。并联管道能提高输送流体的可靠性。

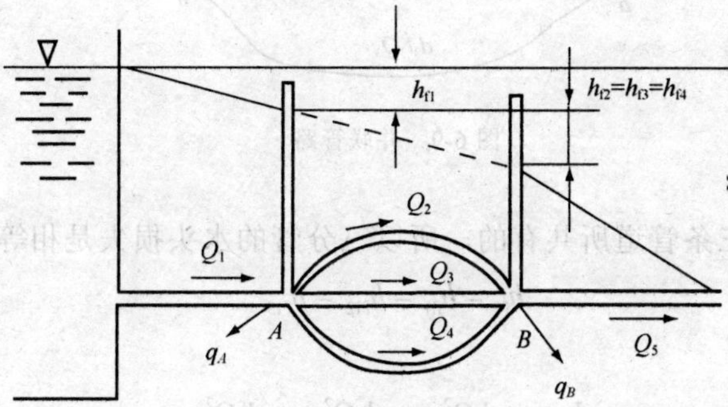

图 6-8 并联管道

设并联节点A、B间各管段分配流量为Q_2、Q_3、Q_4（待求），节点分出流量为q_A、q_B，由节点流量平衡条件可得

$$A:\ Q_1 = q_A + Q_2 + Q_3 + Q_4$$
$$B:\ Q_2 + Q_3 + Q_4 = q_B + Q_5$$

分析并联管段的水头损失，因各管段的首端A和末端B是共同的，则单位重量流体由A通过节点A、B间的任一根管段至B的水头损失，均等于断面A、B之间的总水头差，故并联各管段的水头损失相等。

$$h_{f2} = h_{f3} = h_{f4}$$

以阻抗和流量表示

$$H = h_f = S_2Q_2^2 = S_3Q_3^2 = S_4Q_4^2 \tag{6-12}$$

由于$Q_1 = Q_2 + Q_3 + Q_4$，则

$$Q_1 = \sqrt{H}\left(\frac{1}{\sqrt{S_2}} + \frac{1}{\sqrt{S_3}} + \frac{1}{\sqrt{S_4}}\right)$$

又因 $H=S_1Q_1^2$，则

$$\frac{1}{\sqrt{S_1}}=\frac{1}{\sqrt{S_2}}+\frac{1}{\sqrt{S_3}}+\frac{1}{\sqrt{S_4}}$$

于是，得到并联管路的计算原则为：并联节点上的总流量为各支管中流量之和；并联各支管上的阻力损失相等。总的阻抗平方根倒数等于各支管阻抗平方根倒数之和。

例 6-3 三条铸铁管互相并联而组成的环形复杂管路如图 6-9 所示，管道尺寸为 $d_1=150\text{mm}, l_1=500\text{m}, d_2=150\text{mm}, l_2=350\text{m}, d_3=200\text{mm}, l_3=1000\text{m}$，如果总流量为 80L/s，求各分管中得流量 Q_1、Q_2、Q_3 及 ab 间的水头损失。

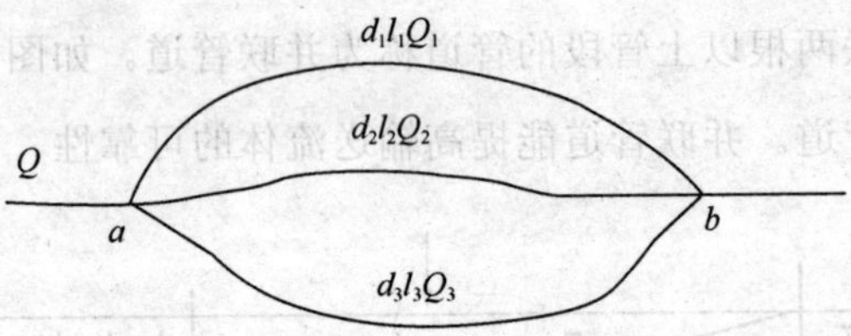

图 6-9 并联管路

解 因为 a 及 b 是三条管道所共有的，所以三分管的水头损失是相等的。

$$h_{f1}=h_{f11}=h_{f12}=h_{f13}$$

即

$$h_{f1}=a_1l_1Q_1^2=a_2l_2Q_2^2=a_3l_3Q_3^2$$

或

$$Q_2=Q_1\sqrt{\frac{a_1l_1}{a_2l_2}}$$

$$Q_3=Q_1\sqrt{\frac{a_1l_1}{a_3l_3}}$$

查水管通路的相关比阻计算表得（设管道较旧，作污垢管计算）：

$$d_1=150\text{mm}, a_1=41.85;\quad d_2=150\text{mm}, a_2=41.85;\quad d_3=200\text{mm}, a_3=9.029$$

所以

$$Q_2=Q_1\sqrt{\frac{41.85\times500}{41.85\times350}}=1.195Q_1$$

$$Q_3=Q_1\sqrt{\frac{41.85\times500}{9.029\times1000}}=1.522Q_1$$

因为

$$Q=Q_1+Q_2+Q_3=(1+1.195+1.522)Q_1=80$$

所以

$$Q_1 = \frac{80}{3.717} = 21.52\text{L/s}$$
$$Q_2 = 1.195Q_1 = 25.72\text{L/s}$$
$$Q_3 = 1.522Q_1 = 32.76\text{L/s}$$

ab 间的水头损失为

$$h_{f1} = a_1 l_1 Q_1^2 = 41.85 \times 500 \times (21.53 \times 10^{-3})^2 = 9.7\text{mH}_2\text{O}$$

在实际工程中，为满足向更多用户供水、供热、供煤气，往往将简单管道串、并联合成管网，如图 6-10 所示。

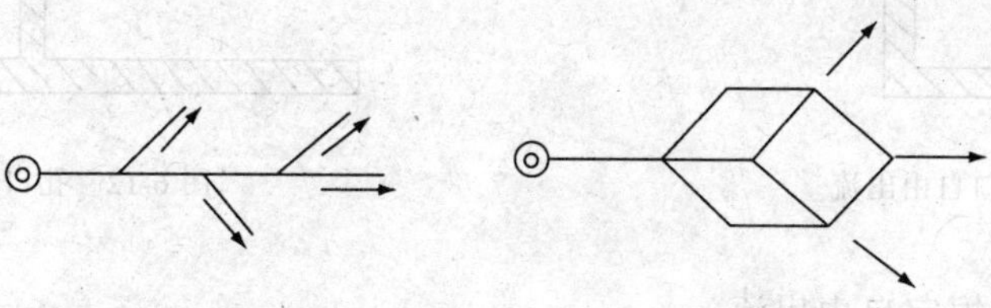

(a) 枝状　　(b) 环状（三环）

图 6-10　管网

6.2 孔口出流与管嘴出流

6.2.1 孔口出流

1．孔口出流的分类

在容器侧壁上开一小孔，流体经孔口流出的水流现象称孔口出流。根据孔口出流的条件，孔口出流可以有以下分类。

（1）如图 6-11 所示，按 e/H 的比值大小分类，若 $e/H \leqslant 0.1$，这种孔口称为小孔口，可以认为断面上各点的作用水头相等，若 $e/H \geqslant 0.1$，则为大孔口。

（2）按容器中的流体量是否能得到不断的补充分类，如果容器中的流体能不断得到补充，则孔口的作用水头不变，这种出流就是恒定出流；反之为非恒定出流。

（3）按孔壁厚度及形状对出流的影响分类，若在容器壁厚较薄，不影响水的出流，水流与孔壁仅在一条周线上接触，则此孔口称为薄壁孔口，反之称为厚壁孔口。

（4）按孔口出流流体是否流入大气中分类，当流体由孔口流入大气中，称为自由出流，如图 6-11 所示；当流体由孔口流入另一部分流体中，称为淹没出流，如图 6-12 所示。

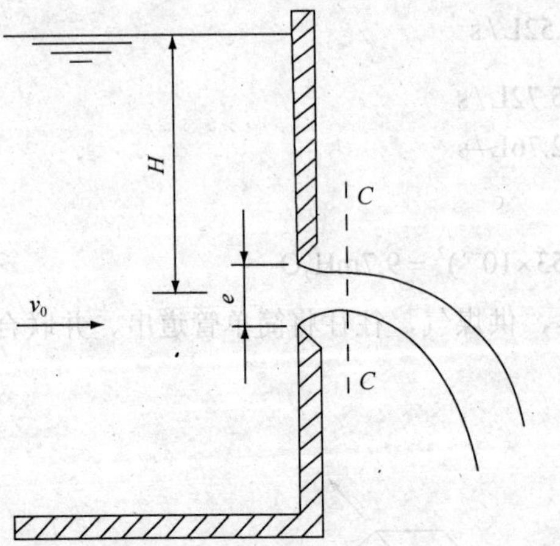

图 6-11 孔口自由出流

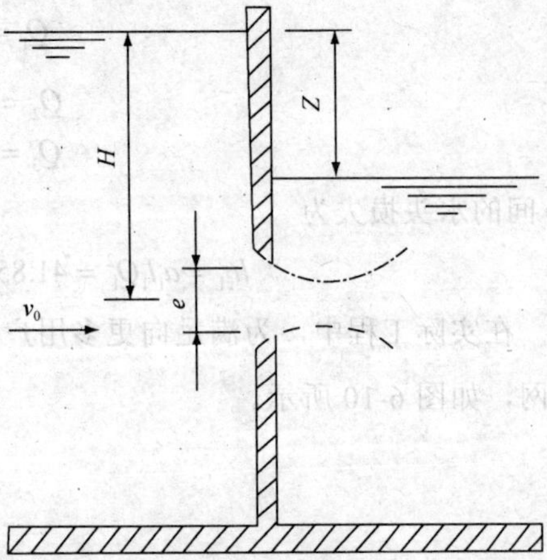

图 6-12 孔口淹没出流

2．薄壁小孔口恒定自由出流

薄壁小孔口恒定自由出流，孔口断面的面积为 A，收缩断面的面积为 A_c，水流距容器内壁约 $d/2$ 处收缩完成，流线相互平行，符合渐变流条件。收缩系数用 ε 表示，反映水流的收缩程度，与孔口形状、大小、位置以及水头等有关，$\varepsilon = \dfrac{A_c}{A}$。收缩可以分为完全收缩，是指孔口四周都发生收缩；不完全收缩，是指孔口四周部分发生收缩；完善收缩，是指流线完全收缩的；不完善收缩，是指流线不完全收缩的，如图 6-13 所示。

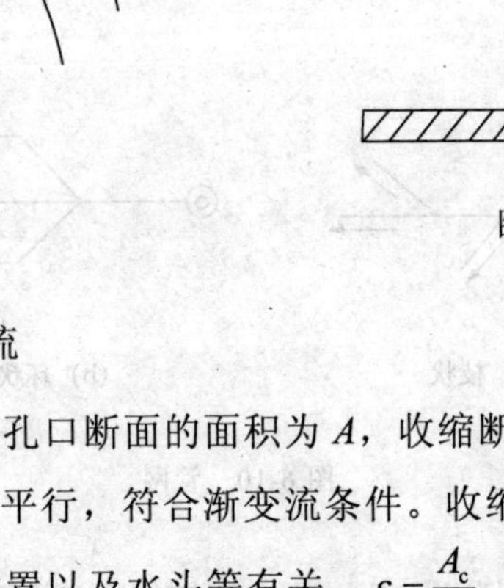

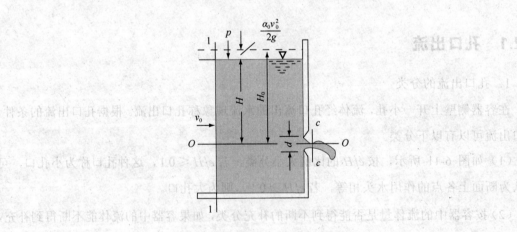

图 6-13 薄壁小孔口恒定自由出流

薄壁小孔口恒定自由出流的流量为

$$Q = v_c A_c = \varepsilon A \varphi \sqrt{2gH_0} = \mu A \sqrt{2gH_0} \tag{6-13}$$

式中，H_0——包含行近流速水头在内的全水头，$H_0 = H + \dfrac{\alpha_0 v_0^2}{2g}$；$\varepsilon$——孔口收缩系数，

$\varepsilon=\dfrac{A_c}{A}$；$\varphi$——孔口流速系数（一般情况下 $\alpha_c=1.0$），$\varphi=\dfrac{1}{\sqrt{a_c+\zeta_c}}$；$\mu$——孔口流量系数，$\mu=\varepsilon\varphi$，$\mu$ 值的大小取决于 ε 和 φ，综合反映了流体收缩和阻力损失等因素对孔口出流的影响。

实测资料表明：充分收缩的圆形锐缘小孔口出流时，ε=0.64，$\zeta_c=0.06$，φ=0.97，故流量系数 $\mu=\varepsilon\varphi=0.62$。

3．薄壁小孔口恒定淹没出流

薄壁小孔口恒定淹没出流如图 6-12 所示，其流量公式为

$$Q=A_c v_c=\varepsilon A\varphi\sqrt{2gH_0}=\mu A\sqrt{2gZ} \tag{6-14}$$

比较式（6-13）和式（6-14）可以看出，虽然自由出流和淹没出流水力计算基本公式的形式和系数均相同，但要注意，当忽略上、下游断面的行近流速水头时，自由出流的 H_0 是指孔口形心至自由液面的深度；淹没出流的 H_0 则是指上、下游液面的高度差 Z。由此说明，孔口淹没出流的流速和流量均与孔口离液面的距离无关。

例 6-4 有一直径 d=20cm 的圆形锐缘孔口，其中心在水面下的深度 H=3.0m，孔口前的行近流速 v_0=0.8m/s，孔口出流为完全、完善收缩的自由出流，求孔口出流量。

解 由于 $\dfrac{d}{H}=\dfrac{0.2}{3}=0.06<0.1$，为小孔口。

则 $A=\dfrac{\pi}{4}d^2=\dfrac{\pi}{4}\times0.2^2=0.0314\text{m}^2$

取流量系数 μ=0.62，$H_0=H+\dfrac{\alpha_0 v_0^2}{2g}=3.0+\dfrac{1.0\times0.8^2}{2\times9.8}=3.03\text{m}$。

所以 $Q=\mu A\sqrt{2gH_0}=0.62\times0.0314\times\sqrt{2\times9.8\times3.03}=0.15\text{m}^3/\text{s}$

6.2.2 管嘴出流

在设置孔口的断面处接一个直径与孔口直径相同，长度 l=（3～4）d 的圆柱形短管，称为圆柱形外延管嘴。水流经管嘴流出称为管嘴出流。管嘴出流的运动规律为：水流进入管嘴后，形成收缩断面 c-c，在收缩断面附近水流与管壁分离，形成漩涡区，随后，水流逐渐扩大，在出口段面上，重新充满整个断面，如图 6-14 所示。

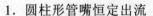

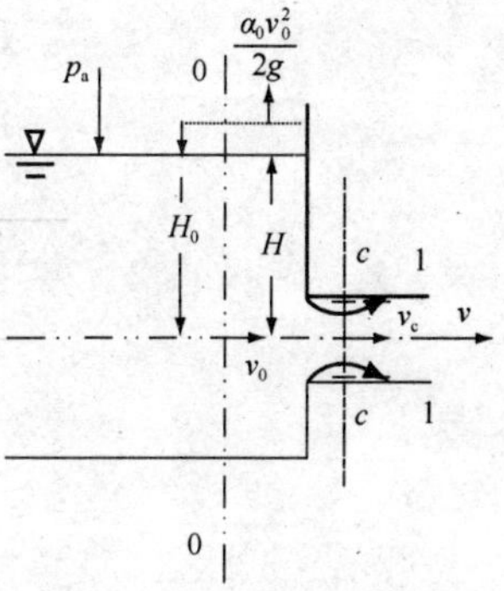

图 6-14 管嘴出流

1．圆柱形管嘴恒定出流

$$Q=vA=\varphi_n A\sqrt{2gH_0}=\mu_n A\sqrt{2gH_0} \tag{6-15}$$

式（6-15）为管嘴出流的水力计算公式。

式中，φ_n——管嘴流速系数；

μ_n——管嘴流量系数。

因出口断面无收缩，$\varepsilon=1$，故 $\varphi_n=\mu_n=0.82$。

2．管嘴出流中收缩断面的真空度

比较小孔口恒定自由出流和管嘴恒定出流的计算公式可以看出，两式形式相同，但流量系数不同，$\mu=0.62\sim0.64$，$\mu_n=0.82$。可见在作用水头、孔口、管嘴直径都相同的情况下，管嘴的流量是孔口的流量 1.32 倍。

在孔口处接一短管，增加了对水流的阻力，但流量反而增加了，其原因是在 c-c 断面处形成了负压，对 c-c 断面而言，相当于增加了作用水头。

$$\frac{p_a-p_c}{\rho g}\approx 0.75H_0 \tag{6-16}$$

式（6-16）说明管嘴收缩断面处的真空度可以达到作用水头的 0.75 倍，相当于把管嘴的作用水头增加了 75%。

习题

一、选择题

1．如图 6-15 所示，一水泵装置，允许最大真空值为 6.5m（水柱），吸水管直径 d=0.1m，通过流量 Q=0.01m^3/s，吸水管至 S-S 总水头损失为（$v^2/2g$），则水泵安装高程 H 为（　　）。

（A）6.00m　（B）5.92m　（C）5.82m　（D）6.22m

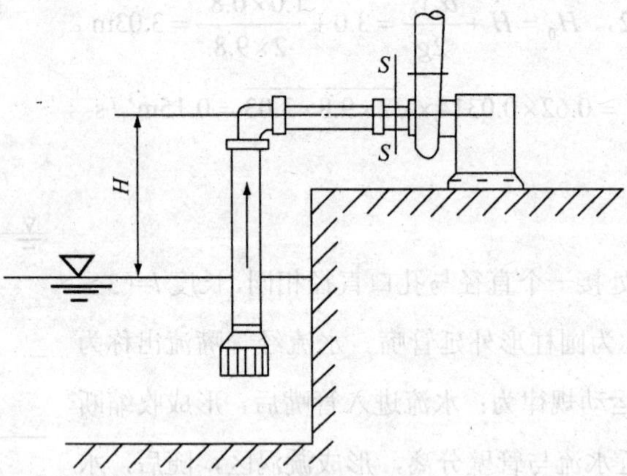

图 6-15　选择题 1 示意图

2．如图 6-16 所示，由大体积水箱供水，且水位恒定，水箱顶部压力表读值为 19600Pa，水深 H=2m，水平管道长 l=100m，直径 d=200mm，沿程损失系数 λ=0.02，忽略局部损失，管道通过的流量为（　　）。

（A）47.4 L/s　（B）59.3 L/s　（C）83.8 L/s　（D）196.5 L/s

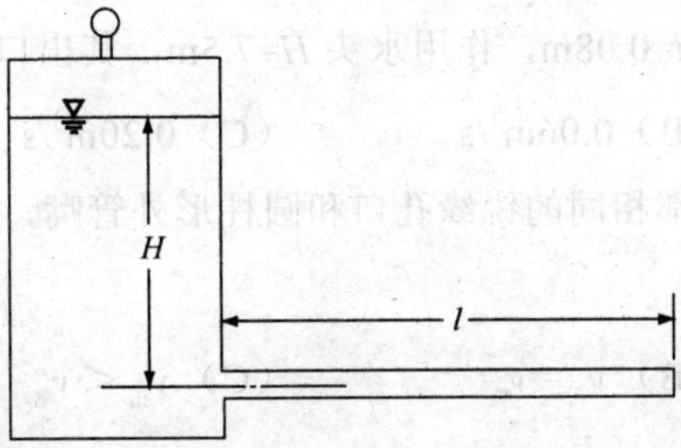

图 6-16　选择题 2 示意图

3. 在长管水力计算中，（　　）。

（A）只有速度头 $v^2/2g$ 可忽略不计

（B）只有局部水头 h_j 可忽略不计

（C）速度头 $v^2/2g$ 和局部损失 h_j 均可忽略不计

（D）两断面的测压管水头差 $\Delta H_{p1\text{-}2}$ 并不等于两断面间的沿程水头损失 $h_{f1\text{-}2}$

4. 无分支串联长管的流动特征是（　　）。

（A）各管段流量不相等

（B）各管段测压管水头差不等于各管段沿程水头损失

（C）各管段流量相等，但测压管水头线不代表总能头线

（D）各管段流量相等，且总水头损失等于各管段水头损失之和

5. 并联长管的流动特征是（　　）。

（A）各分管流量相等

（B）各分管测压管水头差不等于各分管的总能头差

（C）总流量等于各分管流量之和，但各分管的水头损失不等

（D）总流量等于各分管流量之和，且各分管的水头损失相等

6. 并联管道的作用是（　　）。

（A）减小水头损失　　（B）增加供水的可靠性

（C）加大输水能力　　（D）增大管路的压差

7. 同一系统的孔口出流，有效作用水头 H 相同，则自由出流与淹没出流关系为（　　）。

（A）流量系数相等，流量相等　　（B）流量系数不等，流量相等

（C）流量系数相等，流量不等　　（D）流量系数不等，流量不等

8. 在相同水头作用和相同直径情况下，管嘴过水能力 $Q_{嘴}$ 和孔口过水能力 $Q_{孔}$ 的关系是（　　）。

（A）$Q_{嘴} < Q_{孔}$　　（B）$Q_{嘴} = Q_{孔}$　　（C）$Q_{嘴} > Q_{孔}$　　（D）不定

9．圆柱形管嘴，直径 d=0.08m，作用水头 H=7.5m，其出口流量 Q 为（　　）。

（A）$0.05m^3/s$　（B）$0.06m^3/s$　（C）$0.20m^3/s$　（D）$0.60m^3/s$

10．若作用水头和直径都相同的锐缘孔口和圆柱形外管嘴，则出流速度 $v_{孔}$ 与 $v_{嘴}$ 的关系为（　　）。

（A）$v_{孔} > v_{嘴}$　（B）$v_{孔} = v_{嘴}$　（C）$v_{孔} < v_{嘴}$　（D）不确定

二、计算题

1．如图 6-17 所示，虹吸管将 A 池中的水输入 B 池，已知长度 $l_1 = 3m, l_2 = 5m$，直径 d=75mm，两池水面高差 $H = 2m$，最大超高 $h = 1.8m$，沿程摩阻系数 $\lambda = 0.02$。局部损失系数：进口 $\zeta_a = 0.5$，转弯 $\zeta_b = 0.2$，出口 $\zeta_c = 1$。试求流量及管道最大超高断面的真空度。

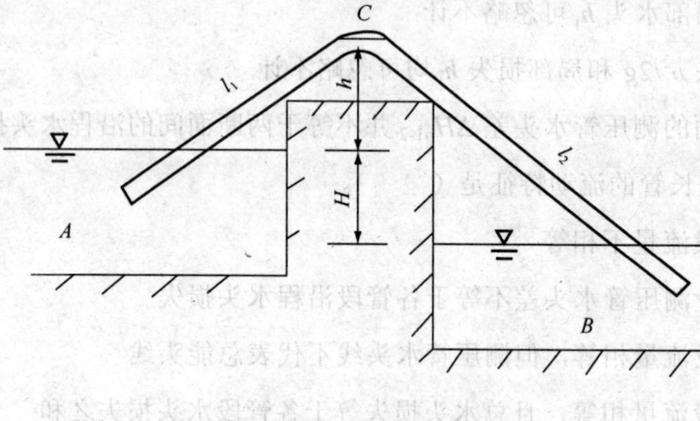

图 6-17　计算题 1 示意图

2．如图 6-18 所示，水箱内液面中心距孔口中心高度为 H=2.0m，孔径 d=10mm，实验测得收缩断面处的流束直径为 d_c=8mm，在 32.8s 时间内孔口流出的水量为 10L，设水箱水位恒定，忽略行近流速水头。试确定该孔口的收缩系数 ε、流量系数 μ、流速系数 φ 和孔口局部损失系数 ζ_c。

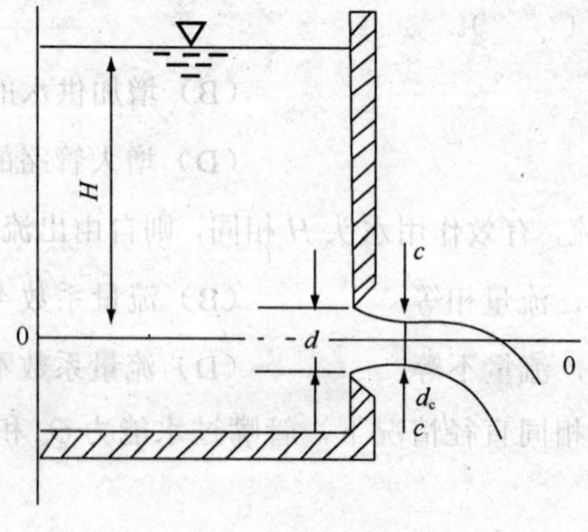

图 6-18　计算题 2 示意图

第7章 明渠流、堰流

7.1 明渠流的分类

明渠流是一种具有自由液面的流动。液面上各点的压强为大气压，其相对压强为零，故明渠流又称无压流。根据渠道的形成方式可以分为天然明渠和人工明渠。

明渠流根据运动要素是否随时间变化分为恒定流与非恒定流。明渠恒定流又可根据流线是否为平行直线分为均匀流和非均匀流。

7.1.1 明渠流动的特点

同有压管流相比较，明渠流动具有以下特点。

1．明渠流动具有自由液面

水在渠道、无压管道以及江河中的流动均属明渠流动。这类流动的共同特点是沿程各断面的表面压强都是大气压，具有自由液面，重力对流动起主导作用，如图 7-1 所示。

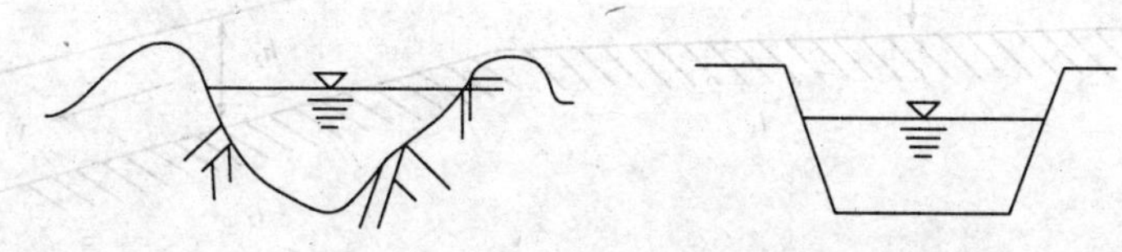

(a)　　　　(b)

图 7-1　天然明渠和人工明渠

2．明渠底坡对断面的流速和水深有直接影响

如图 7-2 所示，明渠的底面通常为倾斜平面，它与渠道纵剖面的交线称为渠底线，渠底线与水平线的夹角为θ。θ的正弦称为渠底坡度，用i表示，即

$$i=\sin\theta=\frac{z_{b1}-z_{b2}}{l}=\frac{\Delta z}{l} \tag{7-1}$$

式中，z_{b1}，z_{b2}——底坡上两点的高程。

一般情况下，θ角很小，为了便于测量和计算，通常用θ的正切值代替正弦值，即$i = \tan\theta = \frac{\Delta z}{l_x}$。计算水深时，通常以铅垂断面作为过流断面，以水面铅垂深度h作为过流断面水深，如图 7-2 所示。

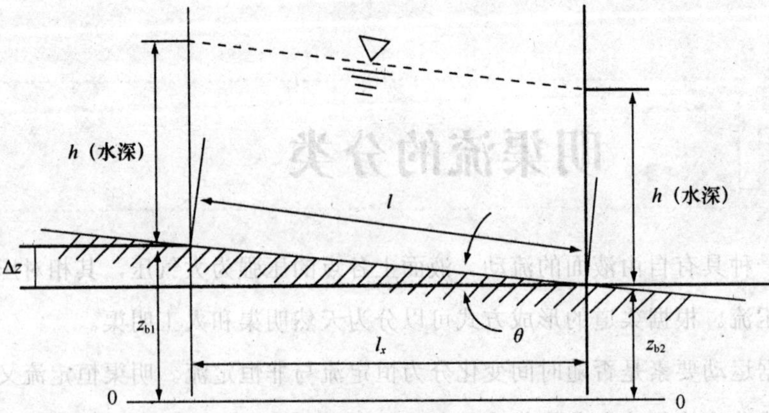

图 7-2　明渠流动

对于明渠流动，底坡$i_1 \neq i_2$时，则对应的断面平均流速$v_1 \neq v_2$，水深$h_1 \neq h_2$，如图 7-3 所示。而对有压管道来说，只要管道的形状、尺寸一定，其管线坡度对断面平均流速和过流断面面积没有影响。

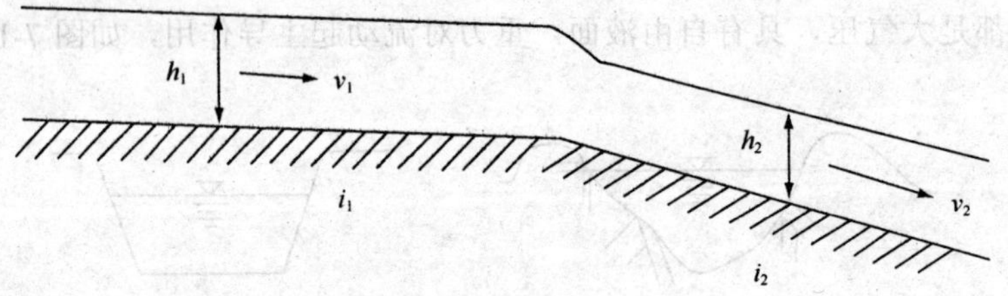

图 7-3　明渠底坡的影响

3．明渠局部边界变化影响水深沿程变化

明渠流在沿程流动过程中，如果遇到边界变化，如设置控制设备、渠道形状和尺寸的变化、改变底坡等，都会造成水深在很长的流程上发生变化。因此，明渠流动实际上存在均匀流和非均匀流，如图 7-4 所示。但在工程实际中，如铁道、公路、给排水和水利工程中的沟渠，其排水和输水能力的计算，常按明渠均匀流处理。而且，明渠均匀流的基本理论对进一步研究明渠非均匀流具有重要意义。

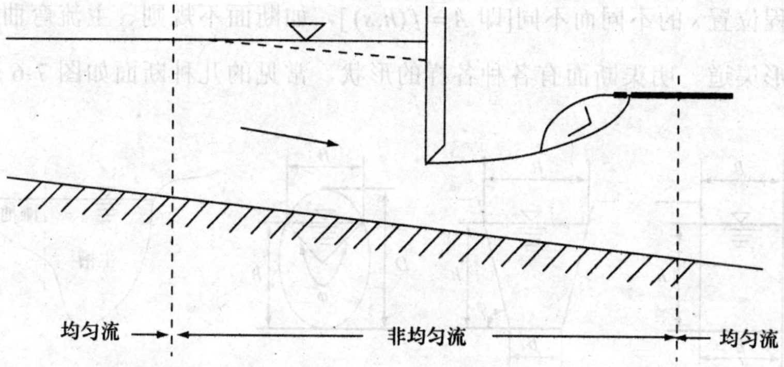

图 7-4 明渠流动

7.1.2 明渠的分类

1．按底坡的正负来分类

按底坡的不同，通常将渠道分为三种类型，分别为顺坡、平坡和逆坡渠道，如图 7-5 所示。其中，底线高程沿程降低，即 $i>0$，称为正坡或顺坡，如图 7-5（a）所示；底线高程沿程不变，即 $i=0$，称为平坡，如图 7-5（b）所示；底线高程沿程抬高，即 $i<0$，称为反坡或逆坡，如图 7-5（c）所示。

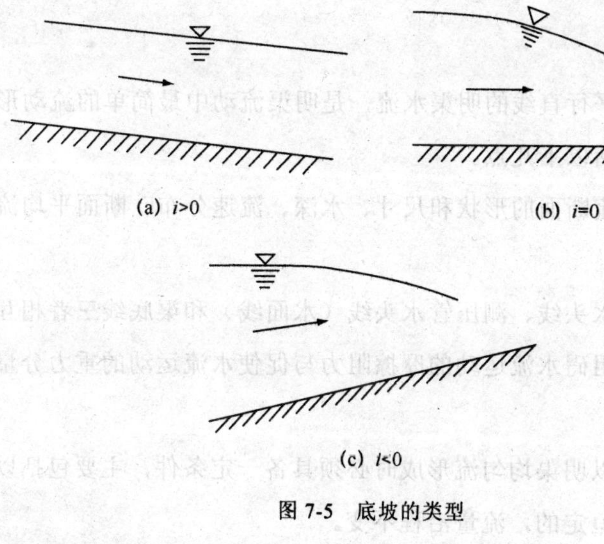

图 7-5 底坡的类型

2．按渠道的几何特性分类

根据渠道的几何特性，可以将渠道分为棱柱形渠道和非棱柱形渠道。凡是断面形状和尺寸均沿程不变的长直渠道称为棱柱形渠道。棱柱形渠道的过水断面面积 A 的大小只随水深 h 而变化[即 $A=f(h)$]，如典型的棱柱形梯形渠道。非棱柱形渠道的过水断面面积 A 既随水深 h

变化，又因沿程位置 s 的不同而不同[即 $A=f(h,s)$]，如断面不规则、主流弯曲多变的天然河道即是非棱柱形渠道。明渠断面有各种各样的形状，常见的几种断面如图 7-6 所示。

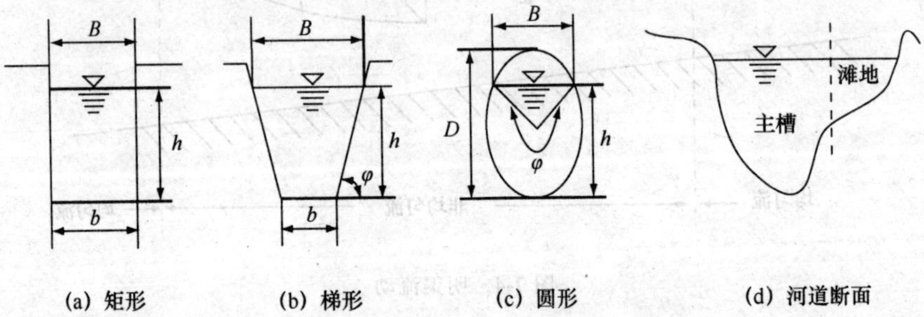

图 7-6 明渠断面形式

7.2 明渠均匀流

7.2.1 明渠均匀流的特征及形成条件

1．明渠均匀流的特征

明渠均匀流是流线为平行直线的明渠水流，是明渠流动中最简单的流动形式。根据均匀流的特性，其主要特征包括以下几点。

（1）明渠均匀流中过流断面的形状和尺寸、水深、流速分布、断面平均流速等沿程保持不变。

（2）明渠均匀流的总水头线、测压管水头线（水面线）和渠底线三者相互平行。

（3）明渠均匀流动中阻碍水流运动的摩擦阻力与促使水流运动的重力分量平衡。

2．形成条件

由于上述的特征，所以明渠均匀流形成时必须具备一定条件，主要包括以下几点。

（1）明渠中的水流是恒定的，流量沿程不变。

（2）渠道是长直的棱柱形顺坡形状。

（3）渠道表面粗糙系数沿程不变。

（4）沿程没有建筑物的局部干扰。

上述条件只有在人工渠道中才可能满足，在天然的河道中的水流大部分是非均匀流。

7.2.2 过流断面的几何要素

明渠过流断面的几何要素包括基本量和导出量，图 7-7 是梯形过流断面。

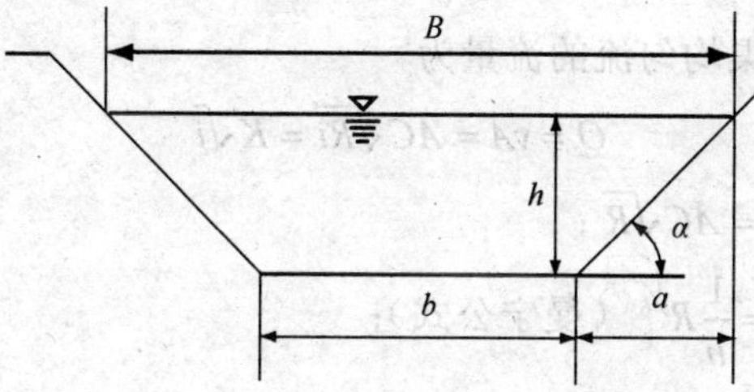

图 7-7 梯形断面

基本量为：

b——底宽；

h——水深。

导出量为：

m——边坡系数，是表示边坡倾斜程度的系数，即 $m=\frac{a}{h}=\cot\alpha$；

B——水面宽，即 $B=b+2mh$；

A——过流断面面积，即 $A=(b+mh)h$；

χ——湿周，即 $\chi=b+2h\sqrt{1+m^2}$；

R——水力半径，即 $R=\frac{A}{\chi}$。

边坡系数 m 的大小，取决于渠壁土壤或护面的性质，见表 7-1。

表 7-1 梯形明渠边坡

土壤种类	边坡系数 m	土壤种类	边坡系数 m
细粒砂土	3.0～3.5	重壤土、密实黄土、普通黏土	1.0～1.5
砂壤土或松散土壤	2.0～2.5	密实重黏土	1.0
密实砂壤土、轻黏壤土	1.5～2.0	各种不同硬度的岩石	0.5～1.0
砾石、砂砾石土	1.5		

7.2.3 明渠均匀流基本公式

明渠水流一般属于湍流粗糙区，其流速公式通常采用谢才公式，即

$$v = C\sqrt{RJ} \tag{7-2}$$

式中，C——谢才系数。

此外，因明渠均匀流的水力坡度J和渠底坡i相等，故流速还可表示为

$$v = C\sqrt{Ri} \tag{7-3}$$

根据连续性方程可得明渠均匀流的流量为

$$Q = vA = AC\sqrt{Ri} = K\sqrt{i} \tag{7-4}$$

式中，K——流量模数，$K = AC\sqrt{R}$；

C——谢才系数，$C = \frac{1}{n}R^{1/6}$（曼宁公式）；

n——粗糙系数。

式（7-3）、式（7-4）为明渠均匀流基本公式。

7.2.4 明渠均匀流水力计算

明渠均匀流的水力计算，可以分为三类基本问题。下面以梯形断面渠道为例进行说明。

1．验算渠道的输水能力

由于渠道已经建成，过流断面的形状、尺寸（b、h、m）、渠道的壁面材料n及底坡i均已知，只要确定A、R、C值，代入明渠均匀流基本公式（7-4），便可计算出通过的流量。

2．决定渠道底坡

此时过流断面的形状、尺寸（b、h、m）、渠道的壁面材料n以及输水流量Q都已知，只需算出流量模数K，代入式（7-4），便可决定渠道底坡。

$$i = \frac{Q^2}{K^2} \tag{7-5}$$

3．设计渠道断面

设计渠道断面尺寸是新渠道设计的主要内容。通常已知通过流量Q、渠道底坡i、边坡系数m及粗糙系数n，计算b和h。由公式$Q = vA = AC\sqrt{Ri} = f(b,h,m,n,i)$可知，在$Q$、$m$、$n$、$i$一定时，仅用一个基本方程求$b$和$h$两个未知量，将有多组解答，为了得到确定解，需要另外补充条件。

条件一：给定底宽b，求相应的水深h。

条件二：给定水深h，求相应的底宽b。

条件三：给定宽深比$\beta = b/h$，求相应的h和b。

条件四：限定最大允许流速$[v]_{max}$，确定相应的h和b。

渠道最大允许流速$[v]_{max}$的大小取决于土质情况、护面材料，以及通过流量等因素，见表7-2～表7-4。

表 7-2 坚硬岩石和人工护面渠道的最大允许流速

岩石或护面种类 \ 渠道流量（m^3/s）	<1.0	1～10	>10
软质或护面种类	2.5	3.0	3.5
中等硬质水成岩	3.5	4.25	5.0
硬质水成岩	5.0	6.0	7.0
结晶盐、火成岩	8.0	9.0	10.0
单层块石铺砌	2.5	3.5	4.0
双层块石铺砌	3.5	4.5	5.0
混凝土护面	6.0	8.0	10.0

表 7-3 不同土质最大允许流速（均质黏性土）

土质	最大允许流速（m/s）
轻土壤	0.6～0.8
中土壤	0.65～0.85
重土壤	0.70～1.0
黏土	0.75～0.95

表 7-4 不同土质最大允许流速（均质无黏性土）

土质	粒径（mm）	最大允许流速（m/s）
极细砂	0.05～0.1	0.35～0.45
细砂和中砂	0.25～0.5	0.45～0.6
粗砂	0.5～2.0	0.60～0.75
细砾石	2.0～5.0	0.75～0.90
中砾石	5.0～10.0	0.90～1.10
粗砾石	10.0～20	1.10～1.30

例 7-1 有一顺直的梯形断面排水土渠，其底宽 $b=3.5\text{m}$，边坡系数 $m=1.25$，粗糙系数 $n=0.023$，渠底坡度 $i=0.0005$，设计正常水深 $h_0=1.5\text{m}$，校核该渠道的输水能力和流速。

解 过流断面面积为

$$A=h_0(b+mh_0)=1.5\times(3.5+1.25\times1.5)=8.063\text{m}^2$$

湿周为 $\chi=b+2h_0\sqrt{1+m^2}=3.5+2\times1.5\sqrt{1+1.25^2}=8.302\text{m}$

因此，水力半径和谢才系数分别为

$$R=\frac{A}{\chi}=\frac{8.063}{8.302}=0.971\text{m}$$

$$C=\frac{1}{n}R^{\frac{1}{6}}=43.266$$

则渠道的输水能力为

$$Q=AC\sqrt{Ri}=7.687\text{m}^3/\text{s}$$

流速为

$$v=\frac{Q}{A}=\frac{7.687}{8.063}=0.953\text{m/s}$$

7.3 堰流

在明渠中设置障壁（堰）后，缓流经障壁顶部溢流而过的水流现象称为堰流。堰在工程中应用十分广泛，在水利工程中，堰是主要的泄水建筑物；在给排水工程中，堰是常用的溢流集水设施和量水设备；在交通土建工程中，宽顶堰流理论是小桥涵孔径水力设计的基础；在城市建设中，也常用到堰流的知识。表征堰流的各项特征量如图 7-8 所示。

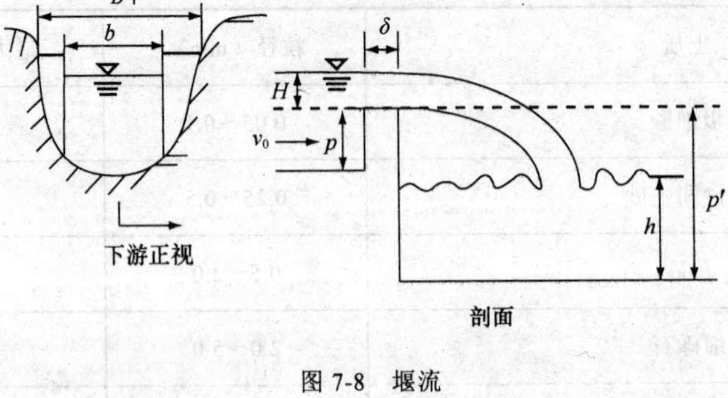

图 7-8 堰流

b—堰宽；δ—堰顶厚度；H—堰上水头；p, p'—堰上、下游坎高；h—堰下游水深；B—上游渠道宽；v_0—堰前行进流速

7.3.1 堰的分类

根据堰流的水力特点，可按相对堰厚 δ/H 的大小将堰划分为三种类型。

1．薄壁堰（$\delta/H<0.67$）

堰顶厚度与堰前水头比值小于 0.67。水流越过堰顶时，堰顶厚度不影响水流的特性。根据堰上的形状，有矩形堰、三角堰和梯形堰等。水头损失主要为局部水头损失，如图 7-9（a）所示。

2．实用堰（$0.67\leqslant\delta/H<2.5$）

堰顶厚度大于薄壁堰，堰顶厚度对水流有一定影响，但堰顶水流仍为明显弯曲向下的流动，这样的堰型称为实用堰。根据堰的专门用途和结构稳定性要求，实用堰的剖面有曲线和折线两种，如图 7-9（b）、图 7-9（c）所示。实用堰主要用作水利工程中的溢流建筑物，大、中型溢流堰一般都采用曲线形，小型工程常采用折线形。

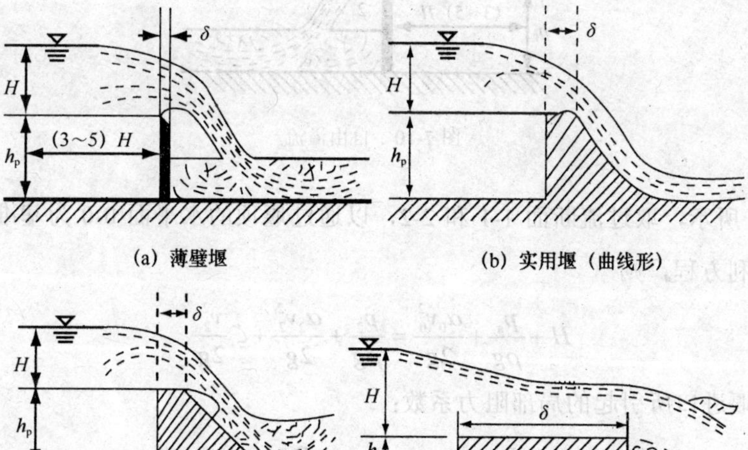

(a) 薄壁堰　　(b) 实用堰（曲线形）

(c) 实用堰（折线形）

图 7-9　堰的分类

3．宽顶堰（$2.5\leqslant\delta/H<10$）

堰顶厚度较大，与堰上水头的比值超过 2.5，堰顶厚度对水流有显著影响。在堰坎进口处，水面发生降落。此后，由于堰顶对水流的顶托作用，有一段水面与堰顶近似平行。当下游水位较低时，在堰坎出口断面水面再次降落，与下游水位衔接，如图 7-9（d）所示。实验表明，宽顶堰水流所产生的水头损失仍然主要为局部水头损失，沿程水头损失可以忽略不计。

闸门全开放时的过闸水流、小桥孔过流等，都属于宽顶堰流。

此外，当 $\delta/H>10$ 时，过堰水流的沿程水头损失逐渐起主要作用，不能忽略，堰上水流已经不再属于堰流的范畴，而成为明渠流了。

7.3.2 堰流基本公式

堰流的形式很多，但其流动却具有一些共同特征，主要表现为：在能量损失上，沿程水头损失可以忽略不计或无沿程水头损失；其运动形式也相同，即来流都是缓流，经堰顶溢流，受力性质都相同，都是受重力作用。因此，各种堰流具有相同的规律性，其基本公式具有同样的结构形式，而差别则表现在某些系数的数值不同上。下面将以自由溢流的矩形薄壁堰为例，推导堰流的基本公式，如图 7-10 所示。

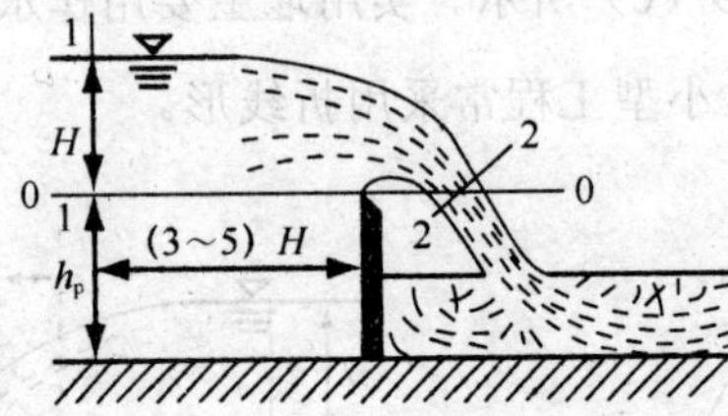

图 7-10 自由溢流

如图 7-10 所示，取过流断面 1-1 和 2-2，以通过堰顶的水平面 0-0 为基准面，列断面之间的总流伯努利方程，则

$$H+\frac{p_a}{\rho g}+\frac{\alpha_0 v_0^2}{2g}=\frac{p_2}{\rho g}+\frac{\alpha_2 v_2^2}{2g}+\zeta\frac{v_2^2}{2g} \tag{7-6}$$

式中，ζ——堰进口所引起的局部阻力系数；

$\frac{p_2}{\rho g}$——2-2 断面的平均压强水头，一般认为 $\frac{p_2}{\rho g}\approx\frac{p_a}{\rho g}$。

若令 $H_0=H+\frac{\alpha_0 v_0^2}{2g}$，则由式（7-6）可得

$$v_2=\frac{1}{\sqrt{\alpha_2+\zeta}}\sqrt{2gH_0}=\varphi\sqrt{2gH_0} \tag{7-7}$$

$$Q=v_2 A_2=\varphi be\sqrt{2gH_0} \tag{7-8}$$

式中，φ——流速系数，$\varphi=1/\sqrt{\alpha_2+\zeta}$；

b——堰宽；

e——断面 2-2 上水舌的厚度。

若令 $e=kH_0$，这里 k 为系数，则式（7-8）变为

$$Q = \varphi kb\sqrt{2g}H_0^{1.5} = mb\sqrt{2g}H_0^{1.5} \tag{7-9}$$

式中，m——堰流流量系数，$m = k\varphi$。

如果将堰上游行进流速 v_0 的影响纳入流量系数中考虑，则式（7-9）成为

$$Q = m_0 b\sqrt{2g}H^{1.5} \tag{7-10}$$

式中，m_0——行进流速时的堰流流量系数，$m_0 = m\left[1+\alpha_0 v_0^2/(2gH)\right]^{1.5}$。

式（7-9）和式（7-10）为堰流计算的基本公式。研究堰流的目的在于探讨流经堰的流量 Q 与堰的其他特征量（如堰宽 b、堰前水头 H、行进流速 v_0 等）的关系，从而为解决工程中的问题提供理论基础。

习题

一、选择题

1．如图 7-11 所示矩形排水沟，底宽 2m，水深 3m，水力半径为（　　）。

（A）0.6m　　（B）0.75m　　（C）1.0m　　（D）1.25m

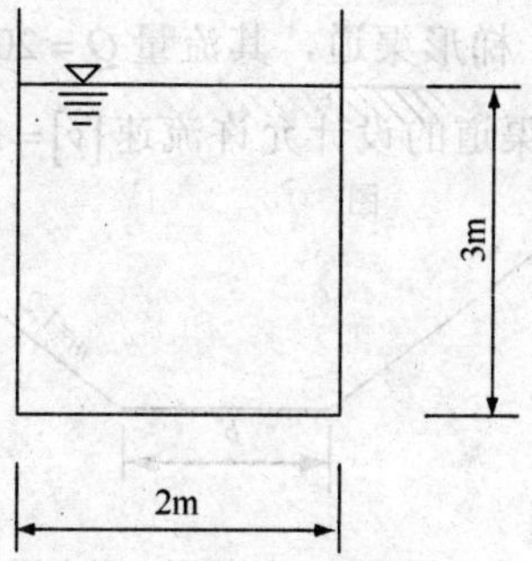

图 7-11　选择题 1 示意图

2．所谓明渠均匀流，是指（　　）。

（A）沿程糙度、流量不变的平坡（i=0）棱柱体渠道

（B）沿程糙度、流量不变的顺坡（i>0）棱柱体渠道

（C）沿程糙度不变的顺坡棱柱体非恒定流

（D）沿程糙度可变的顺坡棱柱体恒定流

3．下述（　　）不是明渠均匀流的特性？

（A）沿程不同过水断面上深度相同

（B）同一过水断面上速度分布均匀

（C）水力坡度、水面坡度和底坡均等

（D）沿程不同过水断面速度分布相同

4. 一矩形水力最优断面渠道，底宽 b=4m，粗糙系数 n=0.025，底坡度 i=0.0002，则输水流量为（ ）。

（A）1.5m³/s （B）2.5m³/s （C）3.5m³/s （D）4.5m³/s

5. 一梯形断面明渠，水力半径 R=0.8m，底坡 i=0.0006，粗糙系数 n=0.025，则输水流速为（ ）。

（A）0.84m/s （B）0.96m/s （C）1.20m/s （D）1.50m/s

6. 使用薄壁堰可以测量（ ）。

（A）压力 （B）速度 （C）流量 （D）表面张力

7. 桥孔溢流水力计算是基于下述（ ）堰流？

（A）薄壁堰 （B）真空堰 （C）宽顶堰 （D）实用堰

二、计算题

1. 某梯形断面棱柱形排水土渠，其底宽 $b=2\text{m}$，边坡系数 $m=1.5$，粗糙系数 $n=0.025$，要求正常水深 $h_0=1.5\text{m}$，设计流量 $Q=3.5\text{m}^3/\text{s}$，求排水渠底的底坡 i 和断面平均流速 v。

2. 如图 7-12 所示，已知一梯形渠道，其流量 $Q=20.8\text{m}^3/\text{s}$，边坡系数 $m=1.2$，粗糙系数 $n=0.02$，底坡 $i=0.0008$，该渠道的设计允许流速 $[v]=1.6\text{m/s}$，试设计该渠道的断面尺寸。

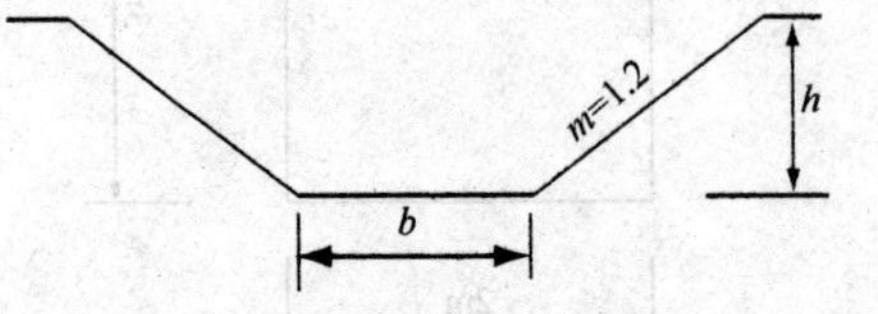

图 7-12 计算题 2 示意图

第8章 渗流

流体在土壤、岩层等孔隙介质中的流动称为渗流。孔隙介质是指由固体颗粒构成具有无数孔隙的物质。土壤、砂石、有裂隙的岩石，内部有无数孔隙，在工程上都称为孔隙介质。水在土壤孔隙中的流动即地下水流动，是自然界中最常见的渗流现象。渗流理论除了应用于石油、水利、化工、地质、采矿、给排水等领域，在土木工程中也有广泛应用，如地下水资源的开发、基础施工降水、防洪设计等。

8.1 渗流的基本定律

8.1.1 渗流模型

土壤颗粒的形状大小、粒径级配、密实度等决定了土壤孔隙的大小及孔隙的形状和分布。由于土壤的孔隙形状、大小及分布情况十分复杂，要详细确定渗流在土壤孔隙中的流动情况极其困难，一般也没有必要。工程中所关心的是渗流的宏观平均效果，而不是孔隙内的流动细节，为此引入简化渗流模型来代替实际的渗流运动。

渗流模型是渗流区域的边界条件保持不变，略去全部土壤颗粒，认为渗流区连续充满流体，流量与实际渗流流量相同，压力和渗流阻力也与实际渗流相同的替代流场。按渗流模型定义，渗流模型中某一过流断面积 ΔA（其中包括土壤颗粒面积和孔隙面积）通过的实际流量为 ΔQ，则渗流模型的平均速度，简称渗流速度为

$$v=\frac{\Delta Q}{\Delta A} \tag{8-1}$$

而水在孔隙中的实际平均速度为

$$v'=\frac{\Delta Q}{\Delta A'}=\frac{v\Delta A}{\Delta A'}=\frac{1}{n}v > v \tag{8-2}$$

式中，$\Delta A'$—ΔA 中孔隙面积；

n—土壤孔隙度，$n=\dfrac{\Delta A'}{\Delta A}<1$。

由于土壤孔隙度 $n<1$，所以渗流速度小于土壤孔隙中的实际速度。

引入渗流模型后，可将渗流场中的水流看作连续介质的运动，因此以前关于流体运动的各种概念均可应用于渗流。

8.1.2 渗流达西定律

流体在孔隙中流动时，由于黏性作用，必然存在能量损失。法国工程师达西在 1856 年通过实验研究，总结出渗流能量损失与渗流速度之间关系式，后人称为达西定律，即为渗流的基本定律。

达西渗流实验装置如图 8-1 所示，该装置为上端开口的直立圆筒，筒壁上、下两断面装有测压管，圆筒下部距筒底不远处装有滤板 C。圆筒内充填均匀砂层，由滤板托住。水由上端注入圆筒，并以溢流管 B 使水位保持恒定。水在渗流流动中即可测量出测压管水头差，同时透过砂层的水经排水管流入计量容器 V 中，以便计算实际渗流量。

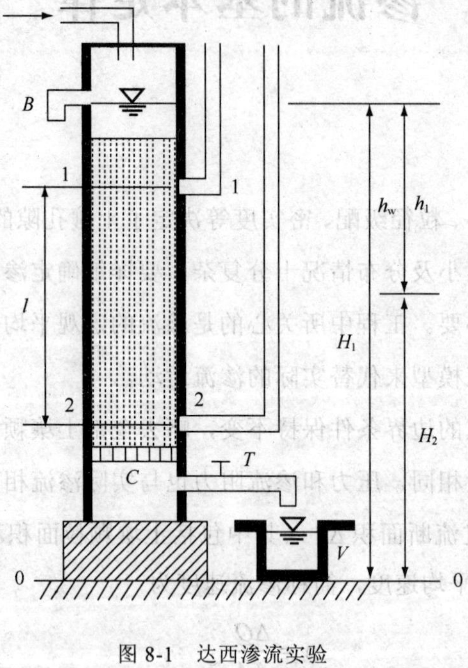

图 8-1　达西渗流实验

由于渗流不计流速水头，实际测量的测压管水头差即为两断面之间的水头损失

$$h_l = H_1 - H_2$$

水力坡度

$$J = \frac{h_1}{l} = \frac{H_1 - H_2}{l}$$

达西根据实验数据发现，圆筒内的渗流量Q与过流断面面积（圆筒的截面积）A及水力坡度J成正比，并与土的透水性能有关，其表达式为

$$Q = kAJ \tag{8-3}$$

或

$$v = \frac{Q}{A} = kJ \tag{8-4}$$

式中，v——渗流模型的断面平均速度；

k——反映土壤透水性质的比例系数，即渗透系数，具有流速的量纲。

达西实验是在等直径圆筒内均质砂土中进行的，属于均匀流，因此各点的流速u等于断面平均流速，式（8-4）可写为

$$u = kJ \tag{8-5}$$

式（8-5）表明，渗流的水力坡度，即单位距离上的水头损失与渗流速度的一次方成正比，即为达西定律，又称渗流线性定律。

达西定律属于渗流线性定律，但大量实验表明，随渗流速度加大，水头损失将与流速的1～2次方成正比，可见达西定律有一定的适用范围。但大多数工程中的渗流问题，一般均可用达西渗流定律来解决。

8.1.3 渗透系数

渗透系数是达西渗流定律中重要的参数。由于该系数取决于土的颗粒大小、形状、分布情况及地下水的物理化学性质等多种因素，因此要准确地确定其数值是比较困难的。通常有三种方法可确定渗透系数。

1．实验室测定法

利用图8-1所示的渗流实验设备，实测水头损失h_1和流量Q，由式（8-3）来求得渗透系数

$$k = \frac{Ql}{Ah_1} \tag{8-6}$$

这种方法简单可靠，但由于实验用土样等因素的影响，和实际土层有一定差别。

2．现场测定法

在现场钻井或挖试坑，做抽水或注水试验，测定其流量及水头等数值，反算渗透系数。

3．经验法

在有关手册或规范中，给出土的渗透系数值或计算公式，但大多数都是经验的，具有局限性，可作为初步估算用。根据《工程地质手册》中给出的数据，表8-1为各类土的渗透系数常用值。

表 8-1 土的渗透系数

土壤名称	渗透系数 k		土壤名称	渗透系数 k	
	（m/d）	（cm/s）		（m/d）	（cm/s）
黏土	＜0.005	$<6\times10^{-6}$	粗砂	20～50	$2\times10^{-2}\sim6\times10^{-2}$
粉质黏土	0.005～0.1	$6\times10^{-5}\sim1\times10^{-4}$	均质粗砂	60～75	$7\times10^{-2}\sim8\times10^{-2}$
粉土	0.1～0.5	$1\times10^{-4}\sim6\times10^{-4}$	圆砾	50～100	$6\times10^{-2}\sim1\times10^{-1}$
黄土	0.25～0.5	$3\times10^{-4}\sim6\times10^{-4}$	卵石	100～500	$1\times10^{-1}\sim6\times10^{-1}$
粉砂	0.5～1.0	$6\times10^{-4}\sim1\times10^{-3}$	无填充物卵石	500～1000	$6\times10^{-1}\sim1\times10$
细砂	1.0～5.0	1×10^{-3}~6×10^{-3}	稍有裂缝岩石	20~60	2×10^{-2}~7×10^{-2}
中砂	5.0~20.0	$6\times10^{-3}\sim2\times10^{-2}$	裂缝多岩石	＞60	$>7\times10^{-2}$
均质中砂	35～50	$4\times10^{-2}\sim6\times10^{-2}$			

8.1.4 恒定均匀渗流和非均匀渐变渗流

采用渗流模型后，可借助明渠和管路中所建立起的概念，把渗流分为均匀渗流和非均匀渗流。研究范围为符合达西定律的渐变渗流。工程上由于渗流空间很大，可视为平面问题。

1．恒定均匀渗流和达西定律

对于均匀流，过流断面的压强符合静水压强分布规律。在均匀渗流中，任一断面的测压管坡度（水力坡度）都为恒定常数，不难理解断面平均流速与点流速相等。

根据达西定律有 $u=kJ$ ，则 $u=v=kJ$ 。

2．恒定非均匀渐变渗流和裘皮幼公式

对于非均匀渐变渗流，取断面 1-1 和 2-2，其压强也符合静水压强分布规律，如图 8-2 所示。

对于匀质岩土，因 $u=v$，所以

$$u=v=-k\frac{\mathrm{d}H}{\mathrm{d}l}=kJ \tag{8-7}$$

式（8-7）为恒定渐变渗流一般公式，又称为裘皮幼公式。形式上与达西定律相同，但含义不同。式（8-7）说明，渐变渗流中平均流速与点流速是相等的，即渗流的过流断面流速分布为矩形。同一断面 J 为常数，u 均匀分布，但不同断面为不同常数，u 和 v 沿程而变。因为，对于均质土壤而言，上部与下部组成的通道是相同的，流体运动的边界条件相同，即上层与下层的流速一致，即 $u=v=kJ$，所以，渗流的过流断面流速分布为矩形。

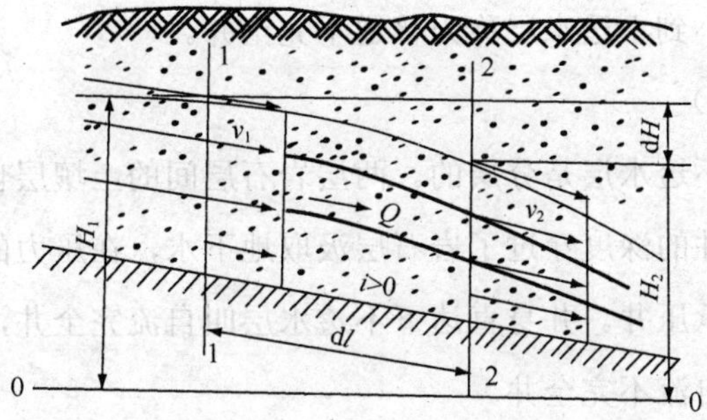

图 8-2 渐变渗流流速分布

8.2 井的渗流

8.2.1 井的种类

井在工程中应用普遍，以汲取地下水水量或降低地下水水位。井可分为潜水井和自流井两类。

1．潜水井（无压井）

具有自由水面的地下水称为无压地下水，也称潜水。在潜水含水层中建的井称为潜水井，或无压井。潜水井又可分为完全井和不完全井。

完全井，井深直达不透水层称为普通完全井，如图 8-3 所示。含水层厚度为 H，井的半径为 r_0。抽水时，井内水位下降，四周地下水向井内补给，形成对称于井轴的漏斗形浸润面（渗流在坝体内的自由面称为浸润面）。

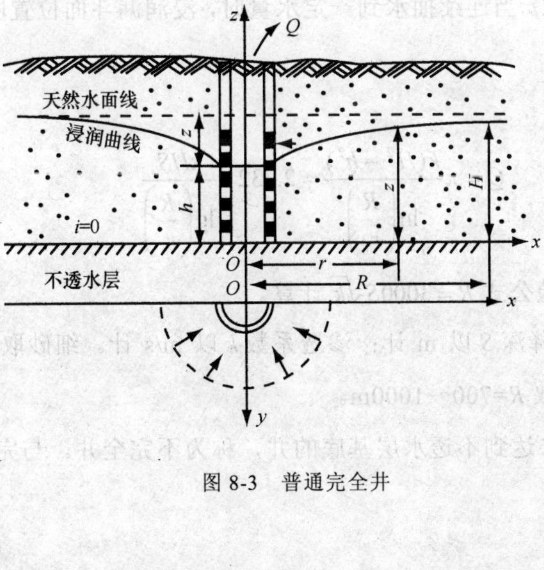

图 8-3 普通完全井

不完全井，井深达不到不透水层称为普通不完全井。

2．自流井（承压井）

由地质构造可知，不透水层是分层的。两层岩石层间的土壤层也含有地下水，这层地下水作用着很大的压强，井的深度穿过了岩石层汲取地下水，在压力的作用下水会自流，所以这种井叫自流井，又称承压井。井身直达下不透水层叫自流完全井，如图 8-4 所示。井身建在两不透水层中间，叫自流不完全井。

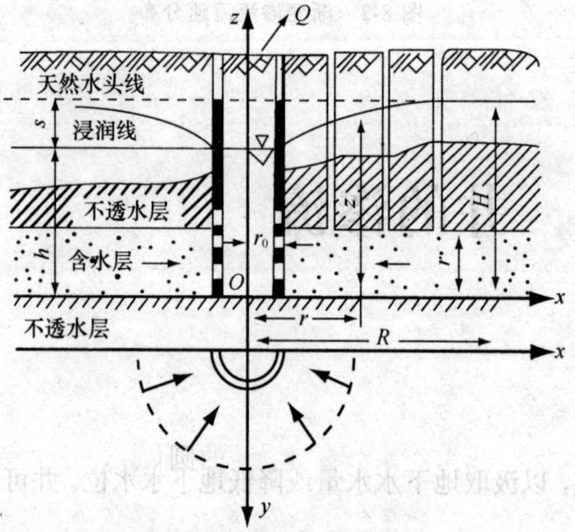

图 8-4 自流承压井渗流

8.2.2 潜水完全井渗流

如图 8-3 所示，完全井的井深达不到透水层。透水层底坡 $i=0$，含水层厚度为 H，井的半径为 r_0。抽水时，井内和附近的地下水位下降，形成浸润漏斗面。若含水层体积很大，土壤含水丰富，可无限供水。当连续抽水到一定水量时，浸润漏斗面位置固定不变，井中水深 h 不变，此时为恒定渗流。

抽水量为

$$Q=\pi\frac{k(H^2-h^2)}{\ln\left(\dfrac{R}{r_0}\right)}=2.732\times\frac{kHS}{\lg\left(\dfrac{R}{r_0}\right)} \tag{8-8}$$

影响半径 R，用经验公式 $R=3000S\sqrt{k}$ 计算。

式（8-8）中，水位降深 S 以 m 计；渗透系数 k 以 m/s 计。细砂取 R=100～200m，中砂取 R=250～500m，粗砂取 R=700～1000m。

工程中，常建井底未达到不透水层基底的井，称为不完全井。与完全井不同的是，其井底也有渗流流量。一般用经验公式确定其抽水量。

$$Q = 1.366 \times \frac{k(H^2 - T^2)}{\lg(R/r_0)} \times \sqrt{\frac{h + 0.5r_0}{T}} \times \sqrt[4]{\frac{2T - h}{T}} \tag{8-9}$$

式中，T——井中水面到不透水层的距离。

8.2.3 自流承压井渗流

图 8-4 为一有压单井（自流井）的渗流纵剖面，具有水平不透水层基底和上顶，渗流层均匀厚度为 t，井的半径为 r_0，坐标原点选在基底的中心处。当抽水井达到恒定流状态时，井内水深为 h，浸润线（土体中渗流水的自由表面的位置，在横断面上为一条曲线）呈漏斗形曲面，这种流动是典型的点汇问题。

设在无限大平面上，流体以一恒定的体积流量 Q，源源不断地从一个点沿径向向四周均匀地流出，这种流动称为点源，这个点称为源点。Q 称为点源强度；若 Q 为负值，则意味着流体沿径向均匀地从四周流入一点，这种流动称为点汇。点源和点汇都是无旋流动，即势流。

地下水向井渗流的过水断面为一系列高度为 t 的圆筒面。

抽水量为

$$Q = 2\pi \frac{kt(H - h)}{\ln\left(\frac{R}{r_0}\right)} = 2.73 \times \frac{ktS}{\lg\left(\frac{R}{r_0}\right)} \tag{8-10}$$

影响半径 R，细砂取 R=100～200m，中砂取 R=250～500m，粗砂取 R=700～1000m。

例 8-1 有一普通潜水完全井，井半径 $r_0 = 0.2\text{m}$，含水层厚度 $H = 15\text{m}$，土壤渗透系数 $k = 0.00025\text{m/s}$，抽水稳定后，井水深 $h = 10\text{m}$，影响半径 $R = 250\text{m}$，求井的抽水量。

解 由式（8-8）可知，$Q = \pi \frac{k(H^2 - h^2)}{\ln\left(\frac{R}{r_0}\right)} = 3.14 \times \frac{0.00025 \times (15^2 - 10^2)}{\ln\left(\frac{250}{0.2}\right)} = 0.0138\text{m}^3/\text{s}$。

8.2.4 集水廊道渗流

集水廊道一般建在无压含水层中，在给水工程中，集水廊道用于吸取地下水和基槽排水。在水利工程中，集水廊道用于排除坝身渗水和基坑排水。

集水廊道横断面为矩形，抽水时，地下水从两侧补入，一般为非恒定渗流。若集水廊道较长，含水层水体较大且土壤含水丰富，在抽水一段时间后，水深及浸润线的位置保持不变，则视为恒定渐变渗流，如图 8-5 所示。

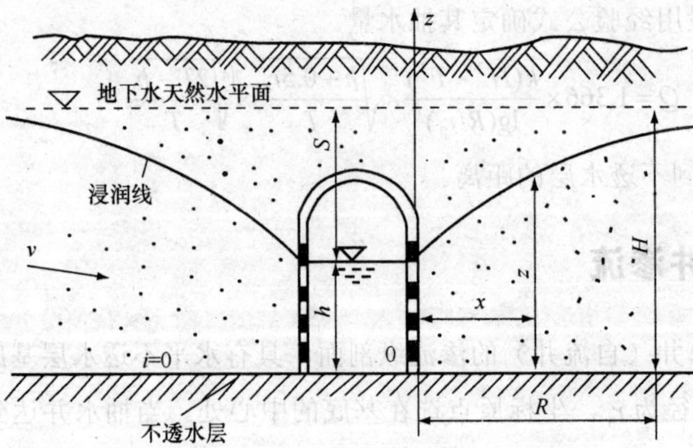

图 8-5 集水廊道渗流

集水廊道单侧产水量计算公式为

$$q=\frac{1}{2}k(H+h)\overline{J} \tag{8-11}$$

式中，q——单位长度上一侧单宽流量；

$\overline{J}$——渗流平均水力坡度，其值与土壤种类有关，如砂土为 0.005～0.015，黏土为 0.15。

习题

一、选择题

1．地下水中的浸润线是（　　）。

（A）地下水的流线　　（B）地下水运动的迹线

（C）无压地下水的自由水面线　　（D）土壤中干土与湿土的界限

2．渗流达西定理 $v=kJ$ 是基于以下假定中的（　　）。

（A）测压管水头线坡度与总能头线坡度平行

（B）测压管水头线坡度等于总能头线坡度

（C）测压管水头线坡度不等于总能头线坡度

（D）渗流的沿城水头损失与渗流流速的二次方成正比

3．渗流达西定理 $v=kJ$ 适用于（　　）。

（A）地下水渗流　　（B）沙质土壤渗流

（C）均质土壤层渗流　　（D）地下水层流渗流

4．潜水井是指（　　）。

（A）从无自由水面的两不透水层间取水的井

（B 从有自由水面的无压含水层中所开凿的井

（C）井底直达不透水层的井

（D）井底未达不透水层的井

5．渗流流速正比于水力坡度 J 的（　　）。

（A）$\frac{1}{2}$次方　　（B）1 次方　　（C）$\frac{3}{2}$次方　　（D）2 次方

6．为测定土壤渗透系数，将土样装在直径 $d=40\text{cm}$ 的圆筒中，在100cm的水头差作用下，6h 的渗透水量为 90L，两侧压管距离为 50cm，该土壤的渗透系数 k 为（　　）。

（A）0.4m / d　（B）1.4m / d　（C）2.4m / d　（D）3.4m / d

二、计算题

1．有一渗流层厚度 $t=8\text{m}$，直径 $d=0.4\text{m}$ 的自流承压井，当抽水时，水位降深为 $S=10\text{m}$，渗流层为粗砂，渗透系数 $k=0.05\text{cm/s}$，如图 8-4 所示。求抽水量。

2．有一普通完全井，其半径为 0.1m，含水层厚度为 8m，土壤的渗透系数为 0.001m / s，抽水时井中水深为 3m。试估算井的出水量。

三、简答题

1．渗流流速与渗流实际流速有什么不同？其关系如何？

2．为什么要建立渗流模型？其意义何在？

3．简述达西定律的应用范围、条件是什么。

4．简述达西定律与裘皮幼公式的区别与联系。

第9章 相似性原理和量纲分析

实际工程中，有时流动现象极为复杂，即使经过简化，也难以通过解析的方法求解。在这种情况下，就必须通过实验的方法来解决。

工程流体力学中的实验主要有两种：一种是探索性的观察实验；另一种是工程性的模型实验。实验研究与理论分析、数值计算一样都是求解流体力学问题必不可少的手段，实验既是发展理论的依据，也是检验理论的准绳。

因此相似原理和量纲分析不仅在流体力学实验有许多应用，而且也广泛地应用于其他工程领域的研究中。

9.1 相似性原理的定义及应用

相似性原理的定义：如果两个同一类的物理现象，在对应的时空点，各标量物理量的大小成比例，各物理量除大小成比例外，且方向相同，则称两个现象是相似的。

在工程流体力学的研究中，所谓相似，主要是指流动的力学相似。而构成力学相似的两个流动，一个是指实际的流动现象，称为原型（以下标“p”表示）；另一个是在实验室中进行重演或预演的流动现象，称为模型（以下标“m”表示）。模型流动表现出原型流动所谓力学相似，是指原型流动与模型流动在对应物理量之间应互相平行（是指矢量物理量，如力、加速度等），并保持一定的比例关系（是指矢量与标量物理量的数值，如力的数值，时间与压力的数值等）。

借助相似原理，我们既可以采用水和空气进行实验，而把实验结果应用于一些不便进行实验的流体，如氢气、水蒸气、油等；也可以按照实际流动尺寸制作缩小或放大模型进行模型实验，从而减少实验费用。

9.2 几何相似、运动相似和动力相似

相似的概念最早出现在几何学中，如两个相似三角形，应具有对应夹角相等，对应边成比例，那么，这两个三角形便是几何相似的。

为了能够使模型流动（以下标“m”表示）表现出原型流动（以下标“p”表示）的主要现象和物理本质，并能从模型流动上预测原型流动的结果，必须使模型流动与原型流动保持力学的相似关系。所谓力学相似，是指模型流动和原型流动在对应部位上的对应物理量都应该有一定的比例关系，对一般的流体运动，力学相似应包括以下三个方面。

9.2.1 几何相似

几何相似又叫空间相似，是指模型和原型流动流场的几何形状相似，即模型和原型对应边长成同一比例、对应角相等。如果以下标 p 表示原型流动，下标 m 表示模型流动，则几何相似如图 9-1 所示。

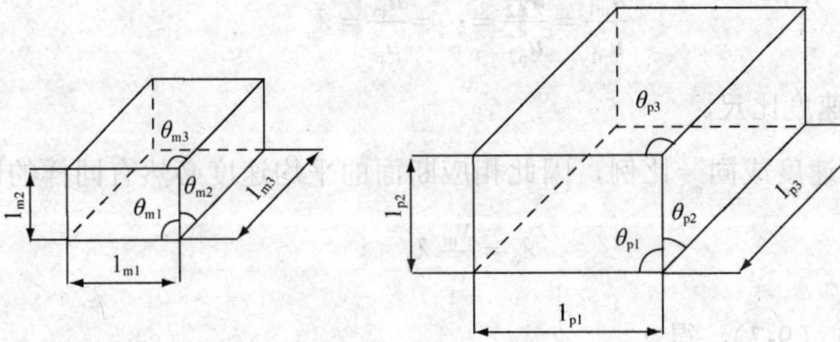

图 9-1 几何相似

$$\frac{l_{m1}}{l_{p1}} = \frac{l_{m2}}{l_{p2}} = \frac{l_{m3}}{l_{p3}} = \cdots = \frac{l_m}{l_p} = \lambda_l \tag{9-1}$$

$$\theta_{m1} = \theta_{p1}, \quad \theta_{m2} = \theta_{p2}, \quad \theta_{m3} = \theta_{p3} \tag{9-2}$$

式中，λ_l——长度比尺。

面积比尺

$$\lambda_A = \frac{A_m}{A_p} = \frac{l_m^2}{l_p^2} = \lambda_l^2 \tag{9-3}$$

体积比尺

$$\lambda_V = \frac{V_m}{V_p} = \frac{l_m^{\ 3}}{l_p^{\ 3}} = \lambda_l^3 \tag{9-4}$$

几何相似是力学相似的前提。有了几何相似，才有可能在模型流动和原型流动之间存在相应点、相应线段、相应断面和相应体积等一系列相互对应的几何要素。才有可能在两种流动之间存在相应速度、相应加速度、相应作用力等一系列对应力学量。才有可能通过模型流动的相应点、相应断面的力学量测量，预测原型流动的受力状态。

9.2.2 运动相似

运动相似是指模型和原型流动的速度场相似，即两个流动在对应时刻对应点上的速度方向相同，大小成同一比例，如图 9-2 所示。

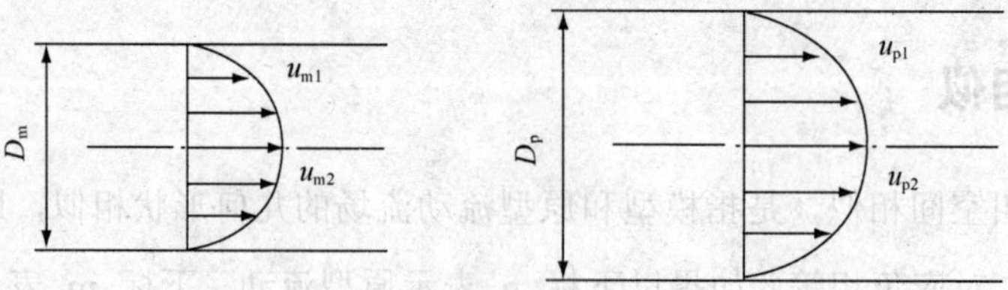

图 9-2 运动相似

$$\frac{u_{m1}}{u_{p1}} = \frac{u_{m2}}{u_{p2}} = \cdots = \frac{u_m}{u_p} = \lambda_u \tag{9-5}$$

式中，λ_u——速度比尺。

由于各对应点速度成同一比例，因此相应断面的平均速度必然有同样的比尺

$$\lambda_v = \frac{v_m}{v_p} \lambda_u \tag{9-6}$$

将 $v=l/t$ 代入式（9-7），得

$$\lambda_v = \frac{v_m}{v_p} = \frac{l_m/t_m}{l_p/t_p} = \frac{l_m t_p}{l_p t_m} = \frac{\lambda_l}{\lambda_t} \tag{9-7}$$

式中，λ_t——时间比尺，$\lambda_t = t_m / t_p$。

同样，其他运动学物理量的比尺也可以表示为长度比尺和时间比尺的不同组合形式。

加速度比尺

$$\lambda_a = \frac{\lambda_v}{\lambda_t} = \lambda_l \lambda_t^{-2} \tag{9-8}$$

流量比尺

$$\lambda_Q = \lambda_v \lambda_A = \lambda_l^3 \lambda_t^{-1} \tag{9-9}$$

运动黏度比尺

$$\lambda_v = \lambda_l^2 \lambda_t^{-1} \tag{9-10}$$

由于流场的研究是流体力学的首要任务，运动相似通常是模型实验的目的。

9.2.3 动力相似

动力相似是指模型和原型流动对应点处质点所受同名力的方向相同，大小成同一比例。所谓同名力，是指具有相同物理性质的力，如黏滞力 T、压力 P、重力 G、弹性力 E 等。如图 9-3 所示，设作用在模型与原型流动对应流体质点上的外力分别为 T_m、P_m、G_m 和 T_p、P_p、G_p，则有

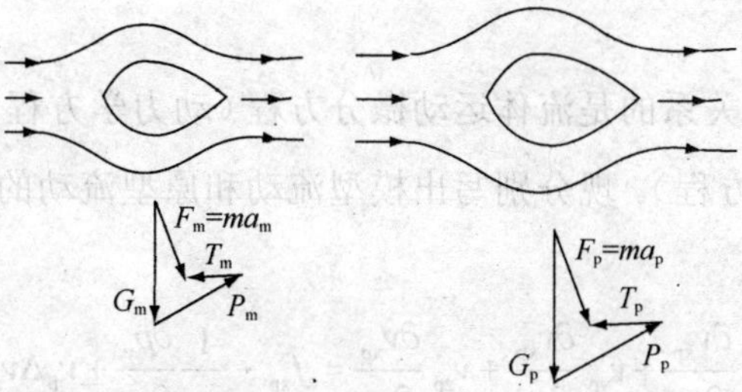

图 9-3 动力相似

$$\frac{T_m}{T_p} = \frac{P_m}{P_p} = \frac{G_m}{G_p} = \cdots = \frac{F_m}{F_p} = \lambda_F \tag{9-11}$$

式中，F——流体质点所受的合外力；

λ_F——力的比尺。

将 $F=ma=\rho Va$ 代入式（9-11），得

$$\lambda_F = \frac{F_m}{F_p} = \frac{m_m a_m}{m_p a_p} = \frac{\rho_m V_m a_m}{\rho_p V_p a_p} = \lambda_\rho \lambda_V \lambda_a = \lambda_\rho \lambda_l^3 \lambda_a \tag{9-12}$$

因 $\lambda_a = \lambda_l \lambda_t^{-2}$，$\lambda_v = \lambda_l \lambda_t^{-1}$，所以

$$\lambda_F = \lambda_\rho \lambda_l^2 \lambda_v^2 \tag{9-13}$$

同样，其他力学物理量的比尺也可以表示为密度比尺、长度比尺和速度比尺的不同组合形式。

力矩比尺

$$\lambda_M = \lambda_F \lambda_l = \lambda_\rho \lambda_l^3 \lambda_v^2 \tag{9-14}$$

压强比尺

$$\lambda_p = \frac{\lambda_F}{\lambda_A} = \lambda_\rho \lambda_v^2 \tag{9-15}$$

动力黏度比尺

$$\lambda_\mu=\lambda_\rho\lambda_l\lambda_v \tag{9-16}$$

两惯性力相似是其他合力作用相似的结果，所以动力相似是运动相似的保障。

上述表明，要使模型与原型流动相似，两个流动必须满足几何相似、运动相似和动力相似。而动力相似又可以用相似准则（相似准数）的形式来表示，即要使模型与原型流动相似，两个流动必须满足几何相似、运动相似和各相似准则。

9.3 相似准则

描写流体运动和受力关系的是流体运动微分方程（动力学方程）。两个相似流动必须满足同一运动微分方程（N-S 方程）。现分别写出模型流动和原型流动的不可压缩流体的运动微分方程标量形式第一式

$$\frac{\partial v_{xp}}{\partial t_p}+v_{xp}\frac{\partial v_{xp}}{\partial x_p}+v_{yp}\frac{\partial v_{xp}}{\partial y_p}+v_{zp}\frac{\partial v_{xp}}{\partial z_p}=f_{xp}-\frac{1}{\rho_p}\frac{\partial p_p}{\partial x_p}+\nu_p\Delta v_{xp}$$

$$\frac{\partial v_{xm}}{\partial t_m}+v_{xm}\frac{\partial v_{xm}}{\partial x_m}+v_{ym}\frac{\partial v_{xm}}{\partial y_m}+v_{zm}\frac{\partial v_{xm}}{\partial z_m}=f_{xm}-\frac{1}{\rho_m}\frac{\partial p_m}{\partial x_m}+\nu_m\Delta v_{xm} \tag{9-17}$$

所有同类物理量均具有同一比例系数，因此有

$$x_p=\lambda_l x_m;\quad y_p=\lambda_l y_m\quad z_p=\lambda_l z_m$$

$$v_{xp}=\lambda_v v_{xm};\quad v_{yp}=\lambda_v v_{yxm};\quad v_{zp}=\lambda_v v_{zm}$$

$$t_p=\lambda_t t_m;\ \rho_p=\lambda_\rho\rho_m;\quad \nu_{xp}=\lambda_v\nu_{xm}\quad p_p=\lambda_p p_m;\ f_p=\lambda_f f_m$$

由对模型的和原型的两运动微分方程以及同类物理量有同一比例的关系并经对比可写出下式

$$\frac{\lambda_v}{\lambda_t}=\frac{\lambda_v^2}{\lambda_l}=\lambda_g=\frac{\lambda_p}{\lambda_\rho\lambda_l}=\frac{\lambda_v\lambda_v}{\lambda_l^2} \tag{9-18}$$

（1）（2）（3）（4）（5）

上述 5 项分别表示单位质量的时变惯性力、位变惯性力、质量力、法向表面力-压力、切向表面力-摩擦力，因此式（9-18）就表示模型流动与原型流动的力多边形相似。

将式（9-18）中的位变惯性力$\left[\frac{\lambda_v^2}{\lambda_l}\right]$除全式，可得

$$\frac{\lambda_l}{\lambda_v\lambda_t}=1=\frac{\lambda_l\lambda_g}{\lambda_v^2}=\frac{\lambda_p}{\lambda_\rho\lambda_v^2}=\frac{\lambda_v}{\lambda_l\lambda_v} \tag{9-19}$$

（1）（2）（3）（4）

式（9-19）中的（1）、（2）、（3）、（4）项表示模型流动和原型流动在动力相似时各比例

系数之间有一个约束，并非各比例系数的数值可以随便取值。根据几何相似、运动相似和动力相似的定义，得到长度比尺、速度比尺、力的比尺等，由力学基本定律可知，这些比尺之间的约束关系，称为相似准则。

下面分别介绍单项力作用下的相似准则。

9.3.1 斯特劳哈尔（Strouhal）相似准则数 $Sr = l/vt$

这是由式（9-19）第（1）项得出的，由此

$$\frac{\lambda_l}{\lambda_v \lambda_t} = 1 \tag{9-20}$$

$$\frac{l_p}{l_m} = \frac{v_p}{v_m}\frac{t_p}{t_m} \tag{9-21}$$

令 $Sr = \frac{l}{vt}$，动力相似中要求 $Sr_m = Sr_p$。

斯特劳哈尔相似准则数是一个无量纲的量，它是由 l、v、t 这三个物理量以上述形式组合的一个物理量。它代表了时变惯性力和位变惯性力之比，反映了流动运动随时间变化的情况，也称为非定常相似准则。

9.3.2 弗劳德（Froude）相似准则数 $Fr = v^2/gl$

这是由式（9-19）第（2）项得出的，由此

$$\frac{\lambda_v^2}{\lambda_g \lambda_l} = 1 \tag{9-22}$$

$$\frac{v_p^2}{v_m^2} = \frac{g_p}{g_m}\frac{l_p}{l_m} \tag{9-23}$$

令 $Fr = \frac{v^2}{gl}$，动力相似中要求 $Fr_m = Fr_p$。

弗劳德相似准则数是一个无量纲的量，它是由 v、g、l 这三个物理量以上述形式组合的一个物理量。它代表了流动中惯性力和重力之比，反映了流体中重力作用的影响程度，也称为重力相似准则。

9.3.3 欧拉（Euler）相似准数

这是由式（9-19）第（3）项得出的，由此

$$\frac{\lambda_p}{\lambda_\rho \lambda_v^2} = 1 \tag{9-24}$$

$$\frac{p_p}{p_m} = \frac{\rho_p}{\rho_m}\frac{v_p^2}{v_m^2} \tag{9-25}$$

令 $Eu = \dfrac{p}{\rho v^2}$，动力相似中要求 $Eu_m = Eu_p$。

欧拉相似准则数是一个无量纲的量，它是由 p、ρ、v 这三个物理量以上述形式组合的一个物理量。它代表了流动中所受的压力和惯性力之比，也称为压力相似准则。

9.3.4 雷诺（Reynolds）相似准则数

这是由式（9-19）第（4）项得出的，由此

$$\frac{\lambda_v \lambda_l}{\lambda_\nu} = \frac{\lambda_\rho \lambda_v \lambda_l}{\lambda_\mu} = 1 \tag{9-26}$$

$$\frac{v_m l_m}{\nu_m} = \frac{\rho_m v_m l_m}{\mu_m} = \frac{v_p l_p}{\nu_p} = \frac{\rho_p v_p l_p}{\mu_p} \tag{9-27}$$

令 $Re = \dfrac{vl}{\nu} = \dfrac{vl\rho}{\mu}$，动力相似中要求 $Re_m = Re_p$。

雷诺相似准数是一个无量纲的量，它是由 v、l、ν 这三个物理量，或者是 v、l、ρ、μ 组合的一个物理量。它代表了流动中的惯性力和所受的黏性力之比，也称为黏性力相似准数。

9.3.5 马赫（Mach）相似准数

除上述几个相似准数以外，我们可以从其他流动方程中推得另外一些相似准数。如我们用 c 表示声速——微小扰动在流体中的传播速度，则对可压缩流动，有

$$c^2 = \frac{dp}{d\rho}$$

由式（9-15）得

$$\frac{\lambda_v}{\lambda_c} = 1 \tag{9-28}$$

令 $Ma = \dfrac{v}{c}$，动力相似中要求 $Ma_m = Ma_p$。

即模型流动的马赫数的数值应该和原型流动的马赫数数值相等。马赫相似准数也是一个无量纲量，是 v、c 这两个物理量以上述形式组合的一个综合物理量。它代表流动中的压缩程度，也称为弹性力相似准数。$Ma < 1$ 为亚音速流动；$Ma > 1$ 为超音速流动。一般来说，马赫数小于 0.15 可以作为不可压缩流动处理。

除上以外还可以推出很多相似准数。动力相似若用相似准数来表示，则有 $Sr_m = Sr_p$，$Fr_m = Fr_p$，$Ea_m = Ea_p$，$Re_m = Re_p$，$Ma_m = Ma_p$……

因此，动力相似也就意味着模型流动和原型流动中，各同名相似准数均应相等。但从各相似准数的表达式可以看出，并不是所有相似准数之间都是相容的。如果考虑原型和模型的重力和黏性力同时满足相似，也就是说，保证原型和模型的弗劳得相似准则数和雷诺相似准则数一一对应相等，则由式（9-22）、式（9-26）分别得到

$$\lambda_v = \sqrt{\lambda_l \lambda_g} \tag{9-29}$$

$$\lambda_\nu = \frac{\lambda_v}{\lambda_l} \tag{9-30}$$

一般 $\lambda_g = 1$，则式（9-29）变为

$$\lambda_v = \sqrt{\lambda_l} \tag{9-31}$$

由式（9-30）可得

$$\lambda_\nu = \lambda_v \lambda_l = \sqrt{\lambda_l} \cdot \lambda_l \tag{9-32}$$

也就是说，要实现两流动相似，原型和模型的流速比例系数 λ_v 应为 $\sqrt{\lambda_l}$，而流体运动黏度比例系数必须满足 $\lambda_\nu = \lambda_l^{3/2}$，通常后一条件难以实现。即使模型与原型均采用同种介质，即 $\lambda_\nu = 1$，则 $\lambda_l = 1$，即模型尺寸与原型尺寸完全一致，模型实验研究就失去了意义。因此，模型流动和原型流动之间达到完全的动力相似实际上是达不到的。所以流体力学中寻求的是主要动力相似，而不是完全的动力相似。

如何选择主要动力相似？这主要根据所研究流体的流动性质来决定。如水利工程中的明渠流以及江、河、溪流，都是以水位落差形式表现的重力来支配流动的，对于这些以重力起支配作用的流动，应该以弗劳德相似准数作为决定性相似准数。有不少流动需要求流动中的黏性力，或者求流动中的水力阻力或水头损失，如管道流动、流体机械中的流动、液压技术中的流动等，此时应当以满足雷诺相似准数为主，*Re* 就是决定性相似准数。对于非定常流动，如流体在旋转叶轮叶片间的流道中的流动，应当以满足斯特劳哈尔相似准数为主，*Sr* 就是决定性相似参数。对于可压缩流动，应当以满足马赫相似准数，*Ma* 就是决定性相似准数。对于 *Eu* 这个相似准数，它代表了流场的速度和压力关系，由流动的基本方程，在满足流动相似的条件下，其压力场也相似。因此在其他相似准数作为决定性相似准数相等时，欧拉相似准数能够同时满足。

例 9-1 一个物体浸没在油中（$\rho = 864\,\mathrm{kg/m^3}$，$\mu = 0.0258\,\mathrm{Pa \cdot s}$）以 $v_p = 13.72\,\mathrm{m/s}$ 的速度水平运动，为了研究这一运动过程，一个尺度比例系数为 8∶1 的放大模型浸没在 15℃的水中进行模型实验。为了达到动力相似的条件，试确定放大模型在水中的运动速度。假如放大模型的黏性阻力为 3.56N，请预测原型的黏性阻力。

解 物体浸没在液体中运动，考虑黏性阻力作用，将雷诺相似准数作为决定性相似准数。

原型动力黏度系数为 $\nu_p = \frac{\mu_p}{\rho_p} = \frac{0.0258}{864} = 2.99 \times 10^{-5}\ \mathrm{m^2/s}$

模型动力黏度系数对于 15℃的水有 $\nu_m = 1.141 \times 10^{-6}\ \mathrm{m^2/s}$

由雷诺相似准数 $Re_m = \frac{v_m l_m}{\nu_m} = \frac{v_p l_p}{\nu_p} = Re_p$ 且 $\frac{l_p}{l_m} = \frac{1}{8}$，$v_p = 13.72\mathrm{m/s}$，

得到 $v_m = 0.065\mathrm{m/s}$。

根据式（9-11）、式（9-13）可知，$\lambda_F = \frac{F_p}{F_m} = \frac{\rho_p v_p^2 l_p^2}{\rho_m v_m^2 l_m^2} = \frac{864 \times 13.72^2 \times 1^2}{1000 \times 0.065^2 \times 8^2} = 601.47$。

则 $F_p = \lambda_F \lambda_m = 601.47 \times 3.56 = 2142.2\mathrm{N}$

9.4 量纲分析

借助量纲分析方法可以对某一流动现象中若干变量进行组合，选择能方便操作和测量的变量进行实验，这样可以大幅度减少实验工作量，而且使实验数据的整理和分析变得比较容易。

9.4.1 量纲分析的基本概念

物理量单位的种类称为量纲，表示物理量的本质属性，用 dim 表示。一个物理量可以用不同的单位度量，但量纲却是唯一的。例如长度、宽度、高度、厚度、深度都可以用米、英尺等长度单位来度量，但是它们的量纲都是长度量纲 L。

由于许多物理量的量纲之间都有一定的联系，在量纲分析时选少数几个物理量的量纲作为基本量纲，其他物理量的量纲都可以由这些基本量纲导出，称为导出量纲。基本量纲是相互独立的，而不能由其他量纲的组合来表示，在工程流体力学中常用质量、长度、时间（M、L、T）作为基本量纲。

在一般的力学问题中，任意一个物理量 B 的量纲都可以用 M、L、T 这三个基本量纲的指数乘积来表示。

$$\dim B = M^{\alpha} L^{\beta} T^{\gamma} \tag{9-33}$$

在量纲分析中，有一些物理量的量纲为 1，称为无量纲量，用 M^0、L^0、T^0 表示。无量纲量就是 1 个纯数，但可以把它看成由几个物理量组合而成的综合表达。例如雷诺相似准数的量纲为

$$\dim Re = \dim\left(\frac{vl}{\nu}\right) = \frac{LT^{-1}L}{L^2T^{-1}} = M^0L^0T^0 \tag{9-34}$$

式（9-34）表示一个无量纲的量。为了区别于纯数，把无量纲量看成是由多个物理量组成的综合物理量更合适些，如我们应该把雷诺相似准数 Re 看成由流速 v、特征尺度 l 和流体运动黏度系数 ν 这三个物理量的综合表达，或者把它看成由流速 v、特征尺度 l、流体密度 ρ 和流体动力黏度系数 ν 这四个物理量的综合表达。

9.4.2 量纲一致性原理

量纲一致性原理是指一个物理现象或一个物理过程用一个物理方程表示时，方程中每项的量纲应该都是和谐的、一致的、齐次的，也叫作量纲和谐性原理或量纲齐次性原理。这个原理告诉我们，一个正确的物理方程，式中的每项的量纲应该都是相同的，如连续方程及其量纲。

$$\begin{array}{lll} \overline{v}_1A_1 = & \overline{v}_2A_2 = & C \\ \left(\dfrac{L}{T}\right)L^2 = L^3T^{-1}, & \left(\dfrac{L}{T}\right)L^2 = L^3T^{-1}, & L^3T^{-1} \end{array} \tag{9-35}$$

连续方程中每一项的量纲都是 L^3T^{-1}，也就是流量的量纲。又如理想流体的能量方程及其量纲为

$$\begin{array}{llll} z+ & \dfrac{p}{\rho g}+ & \dfrac{v^2}{2g}= & C \\ L, & \dfrac{ML^{-1}T^{-2}}{ML^{-2}T^{-2}}=L, & \dfrac{L^2T^{-2}}{LT^{-2}}=L, & L \end{array} \tag{9-36}$$

这表示理想流体的能量方程中各项的量纲都是 L，就是尺度的量纲，表示流体所具有的能量。反过来，我们也可以检查一个物理方程正确与否。若一个物理方程每一项的量纲不完全一致，则这个物理方程就不会是一个正确的方程，但是不包括工程技术中由观测资料整理得到的一些经验公式。

量纲一致性原理是量纲分析法的理论依据。

9.4.3 量纲分析与 π 定理

量纲分析法主要用于分析物理现象中的未知规律，通过对有关的物理量作量纲幂次分析，将它们组合成无量纲形式的组合量，用无量纲参数之间的关系代替有量纲的物理量之间的关系，揭示物理量之间在量纲上的内在联系，降低变量数目，可以用于指导理论分析和实验研究。

量纲分析的步骤如下。

（1）列出所有与该物理现象有关的变量。它取决于对流动过程的理解、观察和分析，对流动过程中的重要变量要保留，而对一些次要变量可以忽略。

（2）将这些变量的量纲用基本量纲 M、L、T 表示出来。

（3）将变量组成由基本量纲 M、L、T 表示的量纲一致的函数关系（通常为各变量指数乘积关系）。

（4）将各量的量纲代入上面的函数关系。

（5）利用函数关系式的量纲的一致性，对各基本量纲的指数列出代数方程，联立求解方程，将所得的指数代入函数中，得到函数的具体形式。

下面介绍量纲分析方法中得到广泛应用的 π 定理（Buckingham 定理）。

对于某个流动现象或某个流动过程，如果存在 n 个变量互为函数关系，则

$$f(a_1,a_2,a_3,\cdots,a_n)=0 \tag{9-37}$$

而这些变量中含有 m 个基本量纲，则可把这 n 个有量纲的变量的函数关系转换成 $(n-m)$ 个无量纲量的函数关系。

$$F(\pi_1,\pi_2,\pi_3,\cdots,\pi_{n-m})=0 \tag{9-38}$$

上面这个函数关系式全部是无量纲量 $\pi_i(i=1,2,3,n-m)$。

这个定理表达出了物理方程的明确的量间关系，并把方程中的变量数减少 m 个，更主要的是，这个定理把流动现象或流动过程更概括地表示在此函数关系中。下面举例说明 π 定理的应用。

例 9-2 在水平等直径的圆管内流动的流体的压降 Δp 与下列因素有关：管径 d、管长 l、管壁粗糙度 Δ、管内流体密度 ρ、流体的动力黏度 μ，以及断面平均流速 $\bar{v}$。试用 π 定理推导出压降 Δp 的数学表达式。

解 所求问题的函数关系表达式可以表示为

$$f(\Delta p,\rho,\mu,\Delta,\bar{v},d,l)=0$$

式中，物理量的个数 n=7，采用基本量纲 M、L、T、m=3，根据 π 理，这 n 个物理量的关系式可以转换成（n-m）=4 个无量纲量的函数关系式

$$F(\pi_1,\pi_2,\pi_3,\pi_4)=0$$

从 7 个物理量中选出 3 个基本物理量 ρ、$\bar{v}$、d，这三个基本量的量纲中包含了 M、L、T 这 3 个基本量纲，可以用它们组成 4 个无量纲量。

$$\pi_1=l\rho^{\alpha_1}\bar{v}^{\beta_1}d^{\gamma_1}$$

$$\pi_2=\Delta\rho^{\alpha_2}\bar{v}^{\beta_2}d^{\gamma_2}$$

$$\pi_3=\mu\rho^{\alpha_3}\bar{v}^{\beta_3}d^{\gamma_3}$$

$$\pi_4=\Delta p\rho^{\alpha_4}\bar{v}^{\beta_4}d^{\gamma_4}$$

式中，α_i，β_i，γ_i（为 i=1，2，3，4）为待定系数。

写出各 π 数方程的量纲式

$$\dim \pi_1 = L\,(ML^{-3})^{\alpha_1}\,(LT^{-1})^{\beta_1}\,(L)^{\gamma_1} = M^0L^0T^0 \tag{1}$$

$$\dim \pi_2 = L\,(ML^{-3})^{\alpha_2}\,(LT^{-1})^{\beta_2}\,(L)^{\gamma_2} = M^0L^0T^0 \tag{2}$$

$$\dim \pi_3 = ML^{-1}T^{-1}\,(ML^{-3})^{\alpha_3}\,(LT^{-1})^{\beta_3}\,(L)^{\gamma_3} = M^0L^0T^0 \tag{3}$$

$$\dim \pi_4 = ML^{-1}T^{-2}\,(ML^{-3})^{\alpha_4}\,(LT^{-1})^{\beta_4}\,(L)^{\gamma_4} = M^0L^0T^0 \tag{4}$$

根据量纲一致性原理由第（1）式解得

$$M:\ \alpha_1 = 0$$
$$L:\ \beta_1 = 0$$
$$T:\ -3\alpha_1 + \beta_1 + \gamma_1 + 1 = 0$$

由上式得到：$\alpha_1 = 0$，$\beta_1 = 0$，$\gamma_1 = -1$，因此 $\pi_1 = l/d$

根据量纲一致性原理由第（2）式解得

$$M:\ \alpha_2 = 0$$
$$L:\ -\beta_2 = 0$$
$$T:\ -3\alpha_2 + \beta_2 + \gamma_2 + 1 = 0$$

由上式得到：$\alpha_2 = 0$，$\beta_2 = 0$，$\gamma_2 = -1$，因此 $\pi_2 = \Delta/d$

同样可以解得

$$\pi_3 = \frac{\mu}{\rho\bar{v}d} = \frac{\nu}{vd} = \frac{1}{Re}$$

$$\pi_4 = \frac{\Delta p}{\rho\bar{v}^2}$$

因此无量纲 π 数表示的方程为

$$F\left(\frac{l}{d}, \frac{\Delta}{d}, \frac{1}{Re}, \frac{\Delta p}{\rho\bar{v}^2}\right) = 0$$

上式可以整理为

$$\frac{\Delta p}{\rho\bar{v}^2} = F_1\left(\frac{l}{d}, \frac{\Delta}{d}, \frac{1}{Re}\right) = \frac{l}{d} \times F_2\left(\frac{\Delta}{d}, Re\right)$$

$$\frac{\Delta p}{\gamma} = \frac{l}{d} \times \frac{\bar{v}^2}{2g} \times 2 \times F_3\left(\frac{\Delta}{d}, Re\right) = \frac{l}{d} \times \frac{\bar{v}^2}{2g} \times F_4\left(\frac{\Delta}{d}, Re\right)$$

令 $\lambda = F_4\left(\dfrac{\Delta}{d}, Re\right)$，则

$$\frac{\Delta p}{\gamma} = \lambda \times \frac{l}{d} \times \frac{\bar{v}^2}{2g}$$

上式就是达西公式，式中，λ为沿程阻力系数，是无量纲常数。

从上面的例题中可以看出，利用量纲分析法可以在知道与流动过程有关的物理量的情况下，求出表述流动过程函数关系的基本结构形式。但是采用量纲分析方法时必须注意：求解时不能遗漏流动过程中的任何一个有关物理量，否则将不会得到全面的结果；当函数关系式中出现无量纲常数时，量纲分析法不能确定其具体数值，只能通过实验来确定，如例题中的沿程阻力系数λ。

9.5 模型实验设计

有的原型尺寸很大（如飞机、船舶、桥梁等），如果对原型直接进行实验不但费用很大，而且有时候难以进行实验测量；有的原型则尺寸微小（如滴灌中的滴头等），难以观测其中的流动过程；而在原型的设计过程中，也需要进行模型实验来修改设计方案。模型实验再现的不仅是原型流动的表面现象，而是流动现象的物理本质；只有保证模型实验和原型流动中的物理本质相同，模型实验才有价值。

进行模型实验设计时，首先要根据原型要求的实验范围、实验场地大小、模型制作和量测条件选择尺度比例系数λ_l；然后根据对流动情况的受力分析，满足对流动起主要作用的力相似，选择相似准数；最后确定流速比例系数和模型的流量。下面举例说明如何对模型实验进行设计。

例 9-3　某一桥墩长 24m，墩宽为 4.3m，两桥台的距离为 90m，水深为 8.2m，平均流速为 2.3m/s。如实验室供水流量仅有 0.1m^3/s，问该模型可选取多大的尺度比例系数，并计算该模型的尺寸、平均流速和流量。

解　对流动起主要作用的重力作用，取弗劳得相似准数为决定性相似准数

$$(Fr)_{\mathrm{p}}=(Fr)_{\mathrm{m}}$$

$$\frac{\lambda_{\mathrm{v}}^2}{\lambda_{\mathrm{g}}\lambda_l}=1$$

因为$\lambda_{\mathrm{g}}=1$，所以

$$\lambda_{\mathrm{v}}=\lambda_l^{\frac{1}{2}}$$

流量比例系数为

$$\lambda_{\mathrm{q}}=\frac{q_{\mathrm{p}}}{q_{\mathrm{m}}}=\lambda_l^3\lambda_{\mathrm{t}}^{-1}=\lambda_{\mathrm{v}}\lambda_l^2=\lambda_l^{\frac{5}{2}}$$

原型流量为

$$q_p = v_p(B_p - b_p)h_p = 2.3\times(90-4.3)\times 8.2 = 1616\ \text{m}^3/\text{s}$$

实验室可供流量 $q_m = 0.1\ \text{m}^3/\text{s}$，因此原型和模型的尺度比例系数为

$$\lambda_l = \frac{l_p}{l_m} = \left(\frac{q_p}{q_m}\right)^{\frac{2}{5}} = \left(\frac{1616}{0.1}\right)^{\frac{2}{5}} = 48.24$$

对尺度比例系数取整，实验室的最大流量为 $0.1\ \text{m}^3/\text{s}$，可以取比 48.24 稍大的整数作为尺度比例系数，选 $\lambda = 50$，则模型尺寸

桥墩长：$l_m = l_p/\lambda_l = 24/50 = 0.48\ \text{m}$

桥墩宽：$b_m = b_p/\lambda_l = 4.3/50 = 0.086\ \text{m}$

桥台距：$B_m = B_p/\lambda_l = 90/50 = 1.8\ \text{m}$

水深：$h_m = h_p/\lambda_l = 8.2/50 = 0.164\ \text{m}$

模型平均流速：$v_m = v_p/\lambda_v = \dfrac{v_p}{\lambda_l^{\frac{1}{2}}} = 2.3/\sqrt{50} = 0.325\ \text{m/s}$

在进行模型实验设计时，为了使模型流动和原型流动尽可能相似，还要注意以下几点。

模型流动和原型流动的流态要一致，原型中的液流是紊流，模型中的液流也应该是紊流，在模型实验设计时，需要选择几个流速较小的断面进行流态校核。

原型水流是缓流或急流，模型中也相应为缓流或急流。

在黏性阻力相似的模型中，应该保持壁面粗糙系数的相似，并检验模型水流是否在阻力平方区。

如果在原型中发生汽蚀，在模型的对应部位也应该发生汽蚀。在虹吸管、水坝的真空断面和水力机械负压出现的部位，尤其需要注意此项条件。

习题

一、选择题

1．量纲的意义是（　　）。

（A）物理量的单位　　（B）物理量性质类别的标志

（C）物理量大小的区别　　（D）长度、时间、质量三者的性质标志

2．量纲一致性原则是指（　　）。

（A）量纲相同的量才可相乘除

（B）量纲不同的量才可相加减

（C）基本量纲不能与导出量纲相运算

（D）物理方程式中各项的量纲必须相同

3. 若物体受力 F 按与长度 L、速度 v、流体密度 ρ、重力加速度 G 有关，则本物理过程中物理量个数 N、基本量个数 M 和无量纲 T 的个数分别相应为（　　）。

（A）$N=5$，$M=3$，$T=2$　　（B）$N=4$，$M=3$，$T=1$

（C）$N=3$，$M=5$，$T=2$　　（C）$N=3$，$M=5$，$T=1$

4. 几何相似、运动相似和动力相似三者之间的关系为（　　）。

（A）运动相似和动力相似是几何相似的前提

（B）运动相似是几何相似和动力相似的表象

（C）只有运动相似，才能几何相似

（D）只有动力相似，才能几何相似

5. 雷诺数 Re 的物理意义表示（　　）。

（A）压力与黏性力之比　　（B）黏性力与重力之比

（C）惯性力与黏性力之比　　（D）惯性力与重力之比

6. 佛劳德数 Fr 的物理意义表示

（A）重力与压力之比　　（B）重力和黏性力之比

（C）惯性力和重力之比　　（D）惯性力和黏性力之比

二、计算题

1. 为研究风对高层建筑物的影响，在风洞中进行模型实验，当风速为 $v=9\ \mathrm{m/s}$ 时测得迎风面压强为 $42\ \mathrm{N/m^2}$，背风面压强为 $-20\ \mathrm{N/m^2}$，试求温度不变风速增至 $v=12\ \mathrm{m/s}$ 时，迎风面和背风面的压强。（答案为：74.67 N,−35.56 N）

2. 有一内径 $d=200\ \mathrm{mm}$ 的圆管，输送运动黏度系数为 $\nu=4\times10^{-5}\ \mathrm{m^2/s}$ 的油，其流量 $q=0.12\ \mathrm{m^3/s}$。若用 $d=50\ \mathrm{mm}$ 的圆管分别用20℃的水和20℃的空气做模型实验，试求模型相似时管内应有的流量。（答案为：$7.553\times10^{-4}\ \mathrm{m^3/s}, 1.139\times10^{-2}\ \mathrm{m^3/s}$）

3. 用尺度比例系数 $\lambda_l=20$ 的模型进行溢流坝的实验，今在模型中测得通过流量 $q_m=0.19\ \mathrm{m^3/s}$ 时，坝顶水头 $H_m=0.15\ \mathrm{m}$，坝趾收缩断面出流速 $v_{cm}=3.35\ \mathrm{m^3/s}$，试求原型相应的流量、坝顶水头及收缩断面处的流速。（答案为：$q_p=339.88\ \mathrm{m^3/s}$，$H_p=3\ \mathrm{m}$，$v_{cp}=15\ \mathrm{m^3/s}$）

4. 小球在不可压缩黏性流体中运动阻力 F_D 与小球的直径 d、等速运动的速度 v、流体的密度 ρ、动力黏度系数 μ 有关，试导出阻力的表达式。（答案为：$\left[F_D=f(Re)\times\dfrac{\pi d^2}{4}\times\dfrac{\rho v^2}{2}\right]$）

5. 雷诺数是流速 $\bar{v}$、物体特征尺度 l、流体密度 ρ、以及流体动力黏度系数 μ 这4个物理量的综合表达，试用π定理推出雷诺数的表达形式。（答案为：$Re=\dfrac{\rho l\bar{v}}{\mu}$）

参考文献

[1] 赵嵩颖．工程流体力学．北京：航空工业出版社，2012．

[2] 何川．流体力学．北京：机械工业出版社，2010．

[3] 刘鹤年．流体力学．第 2 版．北京：中国建筑工业出版社，2005．

[4] E.John Finnemore, Joseph B.Franzini．流体力学及其工程应用．钱翼稷，周玉文译．北京：机械工业出版社，2009．

[5] 程军，赵毅山．流体力学学习方法及解题指导．上海：同济大学出版社，2004．

[6] 屠大燕．流体力学与流体机械．北京：中国建筑工业出版社，2005．

[7] 龙天渝，蔡增基．流体力学．北京：中国建筑工业出版社，2004．

[8] 张维佳，潘大林．工程流体力学．哈尔滨：黑龙江科学技术出版社，2001．